地球上的名山异洞

刘盼盼◎编著

在未知领域 我们努力探索
在已知领域 我们重新发现

延边大学出版社

图书在版编目（CIP）数据

地球上的名山异洞 / 刘盼盼编著 . —延吉：延边
大学出版社，2012.4（2021.1 重印）

ISBN 978-7-5634-4703-9

Ⅰ.①地… Ⅱ.①刘… Ⅲ.①山—青年读物②山—少
年读物③洞穴—青年读物④洞穴—少年读物
Ⅳ.① P941.76-49 ② P931.5-49

中国版本图书馆 CIP 数据核字 (2012) 第 058612 号

地球上的名山异洞

编　　　著：刘盼盼
责 任 编 辑：崔　军
封 面 设 计：映象视觉
出 版 发 行：延边大学出版社
社　　　址：吉林省延吉市公园路 977 号　　邮编：133002
网　　　址：http://www.ydcbs.com　　E-mail：ydcbs@ydcbs.com
电　　　话：0433-2732435　　传真：0433-2732434
发行部电话：0433-2732442　　传真：0433-2733056
印　　　刷：唐山新苑印务有限公司
开　　　本：16K　690×960 毫米
印　　　张：10 印张
字　　　数：120 千字
版　　　次：2012 年 4 月第 1 版
印　　　次：2021 年 1 月第 3 次印刷
书　　　号：ISBN 978-7-5634-4703-9

定　　　价：29.80 元

前言

Foreword

　　地球上山的数目百万，甚至千万，每一座都有它独特的魅力所在。山之高、山之远、山之险、山之秀，巍巍高山总能令人心生向往之情。"山不动；我动；我动，山也动"，人们对高山的仰慕，从来都是发自心底。沧海桑田，不变的是山，变的是人。地球上的每一座高山，秀丽的、险峻的、巍峨的，都是人类征服的对象。站在山顶俯瞰大地：山的上面是云雾盘旋，隐隐约约的树枝显示出绿色的屏障，树的叶子闪着银光。山的气势壮观，直立云端，豪情壮志也紧接着油然而发。

　　古今中外描写山之情怀的诗句不计其数，以山寄情，以山抒怀。用平静的心情领略山之美好，以美丽的诗句、词汇赞美高山。如杜甫的描写泰山的诗句："会当凌绝顶，一览众山小。""山巅冰雪覆盖，山坡林木葱茏，山麓碧波荡漾，"这是赞美欧洲阿尔卑斯山的词汇。地球上的名山太多，诗句也多，描写的方面也尽不相同，但都是游览之人的有感而发。

地球上的名山，总会有一座山的景点吸引着你前去游览。如：喜马拉雅山地球"第三极"的险峻；夏威夷冒纳凯阿锋的峰顶看星空的浩瀚；阿尔卑斯山的雪上"冲浪"；非洲乞力马扎罗山的"赤道雪峰"景观；富士山下樱花与山顶的浪漫；安第斯山脉的冰川的壮观及美洲风情；大洋洲查亚峰的刺激与神秘；美国麦金利山的北极风情；南极文森峰的极地挑战；中国昆仑山的神圣传说及雄伟；会顶泰山，览众山之小的壮美；黄山云海，飘飘欲仙的神奇享受等。如果这些名山还不足以吸引你的目光，引起你的兴趣，那么世界高海拔名峰就等着你去攀登，去享受征服的刺激体验。

享受完名山，地球之上的景观如果吸引不了你的目光，也满足不了你的冒险之心，那么地球之下的奇异洞穴则是最好的冒险之旅。

奇异洞穴，由大自然这个神奇的造物主创造。独一无二的自然创造，无人工雕饰的人文景观，以最原始的姿态吸引着人们，呈现在你的眼前。墨西哥的水晶洞，最大最天然而成的水晶，晶莹剔透，生长在地底；新西兰怀托摩萤火虫洞那璀璨如星空的萤火虫群，生存在漆黑的洞穴之中，为这暗黑之地增加了浪漫与神奇；世界上最大的冰洞，自然奇特的冰柱，挑战着参观者的生存极限；美丽的芦笛岩洞，千姿百态的石钟乳造型，犹如置身神话之中的仙境；美国的卡尔斯巴德洞穴领略蝙蝠齐飞壮观，见识世界最长洞穴猛犸洞的神奇；体验"失落的世界"幽灵之洞的神秘等。

不管是名山或者异洞，全方面的美景也只有自己亲自抵达才能感受，只有掌握了它们，你才明白自己的最爱景观。但是毕竟条件是有限的，本书就是带你全方面的认识了解地球上的名山异洞，感受它们的魅力，对它们的一切做到了如指掌，增长自己的知识，开拓自己的视野。

  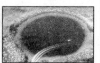

第❶章
地球上的名山

第❷章
世界高海拔的名峰

第3章

地球上的奇异洞穴

地

球 上 的 名 山

DIQIUSHANGDEMINGSHA

第一章

　　世界上的名山有很多，每个洲，每个国家都有其著名的山峰。在本章，只是从世界各地的山脉、山峰中挑选出了最著名的山脉和山峰来介绍。本章介绍的山脉、山峰，有的属于一国独有，有的是延伸好几个国家，有的则是不属于任何国家。

喜马拉雅山

Xi Ma La Ya Shan

◎喜马拉雅山脉档案

位置：位于亚洲的中国和尼泊尔之间

面积：594,400平方千米

最高峰：珠穆朗玛峰，海拔8844.43米

喜马拉雅山脉形成于印度次大陆的北部边界，位于印度次大陆与北部大陆之间，犹如一面屏障，是从北非至东南亚太平洋海岸环绕半个世界的巨大山带的组成部分。喜马拉雅山分布甚广，包括中国西藏和巴基斯坦、

※ 喜马拉雅山脉

印度、尼泊尔和不丹等，主要部分在中国和尼泊尔交接处。自西向东由青藏高原西南部的南迦帕尼尔巴特峰至雅鲁藏布江急转弯处的南迦巴瓦峰，它的全长2450千米，宽200～350千米。喜马拉雅山脉由19条主

要河流排水，以印度河与布拉马普得拉河为最大，各拥有约259，000平方千米的山地汇水面积。数千年来，喜马拉雅山脉对南亚民族的道德乃及人格信仰都有巨大的影响，主要体现在文学、政治、经济、神话和宗教上。

◎形成

　　板块的运动最终导致了喜马拉雅山脉的形成，借助于印度洋板块向北俯冲产生强大的南北向挤压力，青藏高原快速隆起，形成喜马拉雅山地。大约在20亿年前还是一片汪洋的广大地区，现在却已形成了绵延千里的喜马拉雅山脉，这片海洋经历了整个漫长的地质时期，一直持续到距今3000万年前的新生代早第三纪末期。那时这个地区的地壳运动呈连续下降的趋势，伴随着下降，海盆里堆积了厚达30000余米的海相沉积岩层。直到早第三纪末期，地壳发生了一次强烈的造山运动，在地质上称为"喜马拉雅运动"，使这一地区逐渐隆起，形成了世界上最雄伟的喜马拉雅山脉。目前仍呈上升趋势。

◎地貌特征

　　高是最能代表喜马拉雅山脉特征的，它的地质构造复杂，山峰参差不齐，异常险峻。被侵蚀作用深深切割的地形，壮观的山谷和高山冰川，还有深不可测的河流峡谷。从南面看，喜马拉雅山脉宛如一弯硕大的新月，由于主光轴超出雪线之上，雪原、高山冰川和雪崩全都向低谷冰川供水，后者自然

※ 从飞机上看喜马拉雅山脉

成为大多数喜马拉雅山脉河流的源头。不过，喜马拉雅山脉的大部却在雪线之下。创造了这一山脉的造山作用至今依然活跃，并有水流侵蚀和大规模的山崩。

　　喜马拉雅山脉由4条平行的纵向的宽度各异的山带组成，每条山带由不同的地质原因形成且各有鲜明的特色。它们从南至北被命名为外或亚喜马拉雅山脉；小或低喜马拉雅山脉；大或高喜马拉雅山脉；以及特提斯或

西藏喜马拉雅山脉。

喜马拉雅山脉由几列大致平行的山脉组成，呈向南凸出的弧形，平均海拔高达 6000 米，堪称世界上最雄伟的山脉。其中 40 座高峰在海拔 7000 米以上，10 座高峰在 8000 米以上，主峰珠穆朗玛峰为世界第一高峰，海拔 8844.43 米。

喜马拉雅山脉在地势结构上并不对称，北坡平缓，南坡陡峻。在北坡山麓地带，是我国青藏高原湖盆带，湖滨牧草丰美，是天然的牧场。由于北坡平缓，流向印度洋的大河，几乎都发源于北坡，横穿西喜马拉雅山脉，形成 3000～4000 米深的大峡谷，流下的河水如飞流直下的瀑布，其中更是蕴藏着巨大的水力资源。由于喜马拉雅山连绵成群的高峰挡住了从印度洋上吹来的湿润气流，所以喜马拉雅山的南坡雨量充沛，植被茂盛，相对而言，北坡气候干燥，雨量稀少，植被稀疏，两者对比十分鲜明。随着山地高度温度雨量的变化，高山地区的自然景象也不断变化，形成美丽壮观的垂直自然带。

◎气候特征

由于喜马拉雅山的特殊结构，对空气和水的大循环系统影响巨大，南北两侧的气候也有着很大的差异。由于海拔高的原因，在冬季，大喜马拉雅山脉阻挡来自北方的大陆冷空气流入印度，同时迫使（带雨的）西南季风在穿越山脉向北移动之前捐弃自己的大部水分，从而造成印度一侧的巨大降水量（雨雪兼有）和西藏的干燥状况。由于地区不同，南坡的年平均降水量也会不同，在西喜马拉雅的西姆拉和马苏里为 1，530 毫米，在东喜马拉雅的大吉岭则达 3，048 毫米。而在大喜马拉雅山脉以北，在诸如印度河谷的查谟和喀什米尔地带的斯卡都、吉尔吉特和列城，只有 76～152 毫米的降雨量。

不仅在喜马拉雅山脉的不同地方气候有差异，甚至就是在同一山脉也会由于不同的坡向而引起差异。例如，马苏里城在面对台拉登的马苏里山脉之巅，高度约为 1，859 米，这一位置适宜降水，年降雨量为 2，337 毫米，而西姆拉城在其西北一系列高度为 2，022 码的山岭之后约 145 千米的地方，记录到的年降雨量为 1，575 毫米。东喜马拉雅山脉比西喜马拉雅山脉纬度低，相对温暖；最低温度出现在西姆拉，为－25℃（－13 ℉）。5 月份平均最低温度，在大吉岭 1，945 米的高度记录到的是 11℃（52 ℉）。同月，在邻近珠穆朗玛峰约 5，029 米的高度，最低温度约为－8℃（17 ℉）；在 5，944 米，气温降到－22℃（－8 ℉），最低温度为－

29℃（－21℉）；白天，在能避开时速超过161千米的强风的地区，即使在这样的高度，依然会有温暖的阳光。

◎动植物

由于所处海拔及降雨量的不同，喜马拉雅山的植物所生长的位置也会不同。热带常绿雨林仅限于东喜马拉雅山脉和中喜马拉雅山脉潮湿的丘陵地带，主要树种是常绿龙脑香、铁木、竹子、栎树和栗子。除了这些树外，估计约有4000种开花植物生长在东喜马拉雅山脉，其中20种是棕榈。

随着西向雨量的减少且高度的增加，雨林次于热带落叶森林，主要树种是娑罗双树。再往西，草原森林、草原、亚热带草原及亚热带、半沙漠植物便依次出现。温带森林从大约1372米延伸到大约3353米，包括针叶树和温带阔叶树。

伴随着所处位置的不同，喜马拉雅山脉上的动物分布也是不同的，东喜马拉雅山脉动物主要源于华南和中南半岛地区，西喜马拉雅山脉的动物与地中海、衣索比亚、土库曼等地区的物种有类似之处，云豹、小熊猫、岩羚羊、长尾叶猴等都能在这里见到，而在过去10年中，各国科学家在喜马拉雅山脉东段已发现353个新物种，包括世界上最小的鹿、会飞的青蛙和有100万年历史的壁虎等。

※ 绿茵成片的喜马拉雅山脉

◎神秘的喜马拉雅山雪人及其传说

世界上有很多神秘的动物，最让人着迷神往的就是传说中的喜马拉雅山雪人，雪人被称作"夜帝"（Yeti），意思是居住在岩石上的动物。关于雪人的传说可以追溯到公元前326年，它们高1.5米到4.6米不等，头颅是尖的，头发从头披散而下，周身长满灰黄色的毛，步履快捷。有关雪人的传说也逐渐被神秘动物学家承认，吸引着无数探险家来到喜马拉雅地区，找寻这个给人类带来无限幻想空间的神秘动物。在喜马拉雅山区，雪人被描绘成一种身材高大、半人半猿的传奇动物。

◎传说

1975年，一名尼泊尔夏尔巴族姑娘像往常一样在山上砍柴，远处有一头凶狠的雪豹已经悄悄跟踪她十几分钟，姑娘却一点也没有意识到。就在雪豹突然发起猛攻时，一个像凶狠雪人的红发白毛动物冲出来，和雪豹殊死搏斗。姑娘这才得以逃回村子。

另一个雪人救命的故事发生在1938年。当时，加尔各答维多利亚纪念馆的馆长奥维古上尉单独在喜马拉雅山旅行，突然遭遇了强劲的暴风雪，强烈的雪光刺得他睁不开眼睛，他怀疑自己患上了雪盲。没有任何措施可以呼叫救援，奥维古只能等待着自己变成僵硬的尸体。就在他接近死亡时，觉得自己被一个近3米高的动物掩护住身体，保住了性命。慢慢地，自己意识清晰了，那个大体动物又神秘地消失了，临走还留下了像狐臭一样的味道。尽管直到今天，人们还在为究竟有没有雪人争论着，却从没有停止过寻找雪人。

◎文化

还有原住居民分布在喜马拉雅山脉上，有三个种族集团：印—欧人集团，藏—缅人集团和达罗毗荼人集团。

这里更是世界上宗教氛围浓厚地区之一，原始宗教、体系化宗教及介于二者之间的过渡型宗教为其主要表现。西藏阿里拥有藏传佛教；尼泊尔人信仰藏传佛教和小乘佛教；印度兼有佛教、印度教和婆罗门教；不丹和锡金都是宗教国度。

喜马拉雅山每年因陡峭的高峰、独特的冰塔景观、神秘的宗教文化、古老的文明遗迹吸引着世界各地的人来此旅游和探险。

地球上的名山异洞

▶知识窗

·冰塔景观·

在喜马拉雅中段北坡，山谷冰川上有世界上最雄伟壮丽、形态多姿的冰塔林。冰塔高度为数米至 30 多米不等，其形貌如丘陵、如金字塔、如高耸的城堡、如刺向蓝天的宝剑。

形成冰塔的主要因素有两点：首先，多支冰流汇合后，冰川运动使冰层产生褶皱和纵横裂隙，这是一个必要的前提。其次，在低纬度的高山区，极强的太阳辐射使裸露冰面的温度升高，冰面的消融强度远远大于中高纬度的冰川，冰塔间的融水侵蚀下切能力则很强。

拓展思考

1. 什么是藏传佛教？
2. 你了解我国西藏地区的文化吗？

夏威夷的冒纳凯阿峰

Xia Wei Yi De Mao Na Kai A Feng

冒纳凯阿峰其实就是夏威夷的一座休眠火山，是形成夏威夷岛的五座火山之一。每逢冬季时，冒纳凯亚峰山顶白雪皑皑，是夏威夷热带岛屿的一道亮丽景色。其海拔为4,207米，从位于水下的山脚到顶峰高度为10,203米，13个天文台在山上。

※ 冒纳凯阿锋

◎ 特征

冒纳凯阿峰由火山喷发形成，它的圆形山顶跨度为48千米，火山锥不计其数。冒纳开亚山喷发时流出的熔岩覆盖了其西北科哈拉山脉的南面山坡，而其自身的西面和南面山坡却被从附近冒纳罗亚活火山流出的熔岩所掩埋。远在冰川时代，冒纳凯阿锋被一条厚约75米的冰川所覆盖，在其3,970米的高度形成了现在的怀奥湖。在其坡高3,780米处，有一些洞穴，古代夏威夷人曾从这些洞穴中采掘玄武石用于制作扁斧和其他切割工具。

冒纳凯阿锋的海拔4205米，山的底基却是在海平面以下6000米的海底。虽然表面看起来冒纳凯阿锋海拔没有珠穆朗玛峰高，但是如果将海底基地和海平面以上高度加在一起算，则高度是 10203 米。这样，它可以说是地球上最高的山了，比珠穆朗玛峰还高 1355 米。

◎天文观察

由于冒纳凯阿锋的山顶是在 40％的大气和 90％的水蒸气之上，在山顶可以很清楚的看到星空的影像。由于山峰位于逆温层之上，每年可以有 300 个晴朗的夜晚。因此，冒纳凯阿的山顶被公认为全世界最佳的天文台台址。现在，冒纳凯阿锋峰顶力已经有一排天文望远镜了。

但是，夏威夷的原著民认为，在此峰顶设置望远镜会破坏环境，影响在山顶生存的昆虫的繁殖，并且亵渎了他们的圣地。因为他们认为冒纳凯阿锋山顶是他们的雪神波利亚富的家。

▶知 识 窗

整个夏威夷群岛其实就是太平洋底的一座大火山堆露出海面形成的，海底太平洋底部发生大裂缝，熔岩外流，形成高大的火山，其上有许多火山口，形成许多山峰，如冒纳凯阿锋，有些山峰露出海面，即成为海岛。

拓展思考

1. 冒纳凯阿峰火山喷发频率是几年一次？

2. 火山喷发对夏威夷岛有什么影响？

3. 还有什么火山与冒纳凯阿锋的形成原理是一样的？

欧洲阿尔卑斯山

Ou Zhou A Er Bei Si Shan

阿尔卑斯山脉位于欧洲中心，山脉呈弧形，长 1200 千米，宽 130～260 千米，平均海拔约 3000 米，总面积约 22 万平方千米。就连意大利北部边界，法国东南部，瑞士，列支敦士登，奥地利，德国南部及斯洛文尼亚等国家也被阿尔卑斯山脉所覆盖。阿尔卑斯山共有 128 座海拔超过 4000 米的山

※ 阿尔卑斯山脉

峰，其中最高峰勃朗峰海拔 4810.45 米，位于法国和意大利的交界处。从地中海到勃朗峰被称为西阿尔卑斯山，从奥斯特谷（意大利西北部一自治区）到布勒内山口（奥地利和意大利交界处）的称中阿尔卑斯山，从布勒内山口到斯洛文尼亚的称东阿尔卑斯山。

◎气候

位于温带和亚热带纬度之间的阿尔卑斯山脉，由于各山脉的海拔和方位大不相同，以及受到四大气候因素影响，西方流来大西洋比较温和的潮湿空气；从北欧下移的凉爽或寒冷的极地空气；东部被大陆性气团所控制；南边有温暖的地中海空气向北缓缓的流动。这种种因素，不仅使不同的小山脉之间，还使某一特定小山脉范围内的气候都有很大的不同。同时，它本身具有山地垂直气候特征：冬凉夏暖，阳坡暖于阴坡。高峰全年寒冷，在海拔 2000 米处年平均气温为 0℃。

山地年降水量一般为 1200～2000 毫米，最大降水带在海拔 3000 米左右，高山区年降水量超过 2500 毫米，背风坡山间谷地却只有 750 毫米。海拔 1,524 米以上的地方，冬季降水差不多全都是雪，一般雪深 3～10 米或 10 米以上，在海拔 2,012 米处，积雪约从 11 月中旬延续到 5 月底，

通常高山的山口被积雪封锁。年降雪量厚达 20 米，3 月的积雪区下界为海拔 900 米，5 月间升高至 1700 米，9 月升至 3200 米，再往上为终年积雪区。

谷底较周围高地温暖而干燥。在地中海沿岸的山中，谷底的 1 月平均温度为 −5℃～4℃（23 ℉～39 ℉），甚至高达 8℃（46 ℉），7 月平均

※ 山顶积雪，山下水波荡漾

温度为 15℃～24℃（59 ℉～75 ℉）。温度逆增是很经常发生的事，在秋、冬季节更为常见；山谷常常一连好几天弥漫着浓雾和呆滞沉闷的空气。这些时候，在海拔 1,006 米以上的地方可能比低洼的谷底较温暖、而且还有温暖的阳光。天气和当地小气候中发挥明显作用的是刮风。

阿尔卑斯山区经常受到因焚风灾害的而引起冰雪迅速融化或雪崩。

◎形成原因

阿尔卑斯山脉的形成和板块的远动有着紧密的联系，在 1.5 亿年前，阿尔卑斯山脉还是一片海洋，属于古地中海的一部分。由于北大西洋的扩张，南面的非洲板块向北面推进，古地中海下面的岩层受到挤压弯曲，向上拱起，造成的非洲和欧洲间相对运动形成的阿尔卑斯山系，其构造既年轻又复杂。阿尔卑斯造山运动时形成一种褶皱与断层相结合的大型构造推覆体，使一些巨大岩体被掀起移动数十千米，覆盖在其他岩体之上，形成了大型水平状的平卧褶皱。西阿尔卑斯山是这种推覆体构造的典型。

◎自然环境

阿尔卑斯山脉地形起伏很大。在白朗峰地块西部和以芬斯特拉峰为中心的地块都是原地结晶岩构成的最高的山头。阿尔卑斯山除了主山系外，还有四条支脉伸向中南欧各地：向西一条伸进伊比利亚半岛，称为比利牛斯山脉；向南一条为亚平宁山脉，它构成了亚平宁半岛的主脊；东南一条为迪纳拉山脉，它纵贯整个巴尔干半岛的西侧，并伸入地中海，经克里特岛和塞浦路斯岛直抵小亚细亚半岛；东北一条称喀尔巴阡山脉，它在东欧平原的南侧一连拐了两个大弯，然后从保加利亚直临黑海之滨。

　　阿尔卑斯山有着很明显的冰川地貌，山区被厚达 1 千米的冰所覆盖，除少数高峰突出冰面构成岛状山峰外，各种类型冰川地貌都很峻峭，是最为典型的冰蚀地貌，许多山峰岩石嶙峋，角锋尖锐无比，十分险峻，并有许多冰蚀崖、U 形谷、冰斗、悬谷、冰蚀湖等以及冰碛地貌广泛分布。现在还有 1200 多条现代冰川，总面积约 4000 平方千米，其中以中阿尔卑斯山麓瑞士西南的阿莱奇冰川最大，长约 22.5 千米，面积约 130 平方千米。因冰川作用形成了许多湖泊。在所有的湖泊中，其中莱芒湖是最大的，另外还有四森林州湖、苏黎世湖、博登湖、马焦雷湖和科莫湖。

　　阿尔卑斯山脉是欧洲众多河流的发源地和分水岭。多瑙河、莱茵河、波河、罗讷河的源头都是在这里。山地河流上游，水流很急，有着丰富的水力资源，因此建立了很多水力发电站。而且阿尔卑斯山脉的植被呈明显的垂直变化，可分为亚热带常绿硬叶林带（山脉南坡 800 米以下）；森林带（800～1800 米），下部是混交林，上部是针叶林；森林带以上为高山草甸带；再上则多为裸露的岩石和终年积雪的山峰。阿尔卑斯山的动物有大角山羊、山兔、雷鸟、小羚羊和土拨鼠等。

　　阿尔卑斯山风景秀丽，是世界著名的风景区和旅游胜地。在西、中部阿尔卑斯，设有现代化旅馆、滑雪坡和登山吊椅等。山麓与谷地间有不少村镇，小镇十分幽静，充满着浓郁的欧洲村落气息，吸引着大批游客来此游玩。冬季的滑雪运动更是吸引了大量游客。阿尔卑斯山被称为"大自然的宫殿"和"真正的地貌陈列馆"。

◎人文历史

　　自旧石器以来，阿尔卑斯山区就有人类居住，他们狩猎为主，从法国伊泽尔河谷附近的韦科尔河到奥地利陶普利兹上方的利格尔霍尔河，在各地都留下了手工艺品。在阿尔卑斯山冰川撤退以后，山谷中便住有新石器时代的人们，他们在洞穴和小居民点中生活，有些小居民点是建在阿尔卑斯湖泊的岸旁。在阿讷西湖附近、日内瓦湖沿岸、奥地利托特斯山中、意大利奥斯塔及卡莫尼卡河谷中，都发现有这类居民生活的现场。卡莫尼卡河谷以大约 20，000 面岩石雕刻而著名，这些石雕留下了两千多年人类居住情况的宝贵而生动的记录。

　　公元前 800～前 600 年间，塞尔特部落攻击了新石器人们的营地并迫使他们迁移到阿尔卑斯山脉遥远的山谷中去，在上奥地利哈尔施塔特发现有塞尔特人伟大的文化中心。由于这里发现的考古文物丰富，哈尔施塔特这一名称已成为欧洲青铜器时代末期和铁器时代初期（1000～500B·C）

的同义语。塞尔特人开凿了阿尔卑斯高山上的一些山口作为贸易往来的通道。

公元前 15 年，罗马帝国军团翻越阿尔卑斯山脉，经过一系列战斗，最终征服了半个欧洲。罗马人扩大了古老的塞尔特人村庄，既在通向阿尔卑斯山脉的山谷中，又在阿尔卑斯山脉本身的山谷中，建起许多新的、繁荣的城镇。罗马人改进了水的供应，建造起竞技场和剧院，这些保存得最完好的是在奥斯塔。控制阿尔卑斯各山口是罗马人扩张的关键，羊肠小径被扩大为狭窄的道路。那些连接罗马国外军事前哨的山口（如大圣伯纳德、斯普吕根、布伦纳罗、普勒肯诸山口）尤为重要。259 年"野蛮人"日耳曼部落首次进犯此地，到 400 年罗马人对阿尔卑斯山区的控制已分崩瓦解。

罗马化了的塞尔特人，其土地被日耳曼各部落如勃艮地人、阿勒曼尼人和伦巴底人所占据。在 8～9 世纪期间，阿尔卑斯山区土地成为查理曼神圣罗马帝国的一部分。查理曼的孙辈根据《凡尔登条约》瓜分了帝国，888 年的进一步分解导致了持续至今的基本语言的分歧。塞尔特人、罗马人和日尔曼人强加于阿尔卑斯山区的统一在中世纪期间消失了。在大部分时间里，各个山谷离群索居，互不往来。阿尔卑斯各民族的封闭状态被工业革命和铁路（通过巨大的隧道穿过阿尔卑斯山脉）的到来打破。

▶ 知 识 窗

· 焚风 ·

焚风是出现在山脉背面，由山地引发的一种局部范围内的空气运动形式——过山气流在背风坡下沉而变得干热的一种地方性风。最早主要用来指越过阿尔卑斯山后在德国、奥地利谷地变得干热的气流。

拓展思考

1. 阿尔卑斯山脉对欧洲各国的影响？

2. 我国的山脉旅游可以向阿尔卑斯山做哪些借鉴？

地球上的名山异洞

非洲乞力马扎罗山

Fei Zhou Qi Li Ma Zha Luo Shan

乞力马扎罗山在非洲斯瓦希里语中意为"光明之山"，是一个火山丘，海拔 5896 米，面积为 756 平方千米。该山的主体自西向东延伸将近 80 千米，有七座主要的山峰，其中三座是死火山，马温西峰、希拉峰和基博峰。乞力马扎罗位于东非大裂谷以南约 160 千米，在奈洛比以南约 225 千米。它位于坦桑尼亚东北，邻近肯尼亚边界，是非洲最高峰。乞力马扎罗山的部分山区被划分成为乞力马扎罗国家公园，并且成为世界自然遗产。

※ 乞力马扎罗火山

◎气候

由于乞力马扎罗山在赤道附近，因此能看到一年四季的景色，是比较明显的山地垂直分布气候。山底是热带雨林气候，而山顶则是冰原气候，有时山麓的气温高达 59℃，而峰顶的气温却常在零下 34℃，故有"赤道雪峰"之称。在海拔 1000 米以下为热带雨林带，1000～2000 米间为亚热带常绿阔叶林带，2000～3000 米间为温带森林带，3000～4000 米为高山草甸带，4000～5200 米为高山寒漠带，5200 米以上为积雪冰川带。受东南信风的控制，乞力马扎罗山的南坡为迎风坡。由于风从海拔低的地方吹来，热量充足，致使乞力马扎罗山容易形成地形雨，给它带来丰富降水。在水源充足的南坡有农田和茂密的森林，而北坡为半干旱灌木，植被向上依次为高沼泽、高山荒漠、苔藓地衣等。

◎形成

由于地壳的剧烈运动形成的乞力马扎罗山，大约始于 75 万年前。但在大约 2500 万年前，东非本是一个巨大而平坦的平原，在非洲大陆和欧亚大陆相撞后，东非平原出现了弯曲和断裂。两大板块的互撞使薄疏的地壳出现了巨大的裂口和薄弱点，导致了该地区众多火山的形成。在原发山谷最深的地带，火山活动也最为频繁，并最终导致大裂谷一系列的火山及乞力马扎罗等山的形成。乞力马扎罗山最初由三个大火山口组成：希拉、基博和马文兹。而后希拉火山锥崩塌消失，接着是马文兹。然而基博火山却一直保持着活力，在大约 360000 年前还出现过一次大规模的爆发，它释放的黑色熔岩盖过希拉火山口，在马文兹火山的原址上形成了乞力马扎罗山鞍。

◎地理环境

基博峰山顶终年被积雪所覆盖，有一个直径约为 2 千米的火山口，火山口内有一个内火山锥（乌呼鲁峰），火山口内为常年的积冰，从西侧流出一条冰川。

乞力马扎罗山有乌呼鲁、马文济两个主峰，两峰之间有一个 10 多千米长的马鞍形的山脊与乞力马扎罗山相连。

※ 乞力马扎罗火山下的动植物

在乌呼鲁赤道峰顶有一个直径 2400 米、深 200 米的火山口，口内四壁是晶莹无瑕的巨大冰层，底部耸立着巨大的冰柱。火山内被冰雪覆盖，宛如巨大的玉盆。但近年来随着全球变暖，乞力马扎罗山的冰雪开始消融，致使冰川退却异常严重，在过去的一百多年间，乞力马扎罗山的冰川体积减少了将近 80%，从而导致附近居民饮用水短缺，这些问题也引起了联合国等国际组织的关注。

赤道两极的基本植被是乞力马扎罗山的风景之一。由于所处在赤道附近，植被从热带雨林开始。高原半干旱的灌木丛、南坡水源充足的农田、茂密的云林、开阔的沼地、高山荒漠、苔藓和地衣的共生带，其中还有各色的动物，赤道企鹅最为有名。这里的水系也很发达，南坡和东坡上的水流供给潘加尼河、察沃河和吉佩湖，而北坡上的水流则供给安博塞利湖和察沃河。帕雷山脉从吉力马扎罗峰向东南延伸。

◎乞力马扎罗国家公园

在坦桑尼亚人心中，乞力马扎罗山是神圣无比的，他们对乞力马扎罗山敬若神灵。在山脚下举行传统的祭祀活动是很多部族的传统习俗之一，活动有拜山神，求平安等等。他们把自己看作是"草原之帆"下的子民，绝不允许外人对雪山有任何的不敬。1968年，坦桑尼亚国建立乞力马扎罗国家公园，在海拔1800米处到乞力马扎罗峰之间，面积756平方千米。在1979年，乞力马扎罗公园被列入世界自然遗产名录。乞力马扎罗山国家公园和森林保护区占据了整个乞力马扎罗山及周围的山地森林。林木线以上的所有山区

※ 乞力马扎罗山上的游客

和穿过山地森林带的六个森林走廊组成了乞力马扎罗山国家公园。在这里生活着很多野生动物，树林和草丛中生活着长颈鹿、大象、疣猴、蓝猴、阿拉伯羚、大角班羚和狮子等多种野生动物；在石南荒原和高沼草原带，还是能看到野狗、水牛、大象等动物，最多的是大羚羊。

乞力马扎罗山也因它的独特位置、地带变化及非洲野生动物吸引了世界各地的人来此探险旅游。

◎特色物产

乞力马扎罗山所在的地区是坦桑尼亚的淡咖啡、大麦、小麦和蔗糖的主要产区之一，其他作物有琼麻、玉米（玉蜀黍）、各种豆类、香蕉、金合欢树皮、棉花、除虫菊和马铃薯。该地区的居民有查加人、帕雷人、卡赫人和姆布古人。

当德国传教士雷布曼和克拉普夫于 1848 年到达乞力马扎罗时，那里的地层就为欧洲人所知了，但关于离赤道很近（在南纬3°）就有峰顶积雪的山脉的消息，过了很久之后才为人相信。德国地理学家迈尔和奥地利登山家普尔柴勒于 1889 年首次攀登上基博峰顶，而马温西峰是 1912 年由德国地理学家克卢特最先登顶的。位于乞力马扎罗南麓的莫希市是主要贸易中心和登山基地。

▶知 识 窗

·传说·

在古时候，一个小男孩在傍晚赶着羊群走在回家的路上时，忽然出现了一个恶魔要抓走男孩和他的羊群，面对凶残的恶魔男孩并没有害怕，而是和恶魔展开了斗争。男孩迅速俯下身子，抓起一把黄土向恶魔撒去，由于男孩的勇气，此时他受到了神灵庇佑，只见这把黄土忽然间变成一座土山，将恶魔压在下面。恶魔在山下不停地挣扎，土山也在不停地晃动着，而每晃动一下，便长高一寸，久而久之，便成为了今天的乞力马扎罗山。

| 拓展思考 |

1. 人类活动对乞力马扎罗山有什么影响？
2. 到乞力马扎罗火山旅游要注意什么？

大洋洲查亚峰

Da Yang Zhou Cha Ya Feng

查亚峰位于新几内亚，海拔为 4884 米，是大洋洲最高的山峰，它更是喜马拉雅山及安第斯山之间的最高点。峰顶被终年不化的冰雪所覆盖。由于温室效应的加剧，温度在逐年的升高，只是峰顶的冰雪开始消融。最吸引攀岩者的要数查亚峰的地势险峻了，除此之外，山下雨林里的食人部落为这座山峰也蒙上了一层神秘诡异的面纱。

※ 陡峭的查亚峰

◎形成

中新世以来，澳大利亚大陆北部被动边缘俯冲碰撞到 Melanesian 岛弧之下产生的冲力形成了查亚峰。280 万年以来，查亚峰岩石隆升幅度为 7000 米，隆升速率为每年 2.5 毫米，其剥蚀速率为每年 0.7 毫米。据查亚峰南坡石炭－二叠系测年得出，自 230 万年以来，岩石隆升幅度为 6500 米，隆升速度为每年 2.88 毫米，剥蚀速率为每年 1.7 毫米；更南可能为前寒武纪的绿片岩分布区，剥蚀速率非常快，已剥蚀深度达 9 千米，是全岛剥露最深的地区。正是受这种强烈的切割和剥蚀的共同作用，使查亚峰成为大洋洲中的最高峰。

◎冰河

由于查亚峰的高海拔，使峰体上冰层遍布，几条冰河穿过山坡，其中包括卡兹登兹冰河。因为地处赤道附近，平均温度变化并不大，冰河的移动也不快。根据历史记录来分析这些位在赤道的冰河后，得知它们的范围从 1850 年以来开始逐渐缩小，这个地区从 1850 年至 1972 年间温度上升约 0.6℃。

◎争端

关于查亚峰是大洋洲第一高峰的这一说法，曾在一段时间内引起了很大的争议。由于查亚峰在地质构造上与澳大利亚大陆非常接近，当中甚至有一个大陆架相连接。再加上新几内亚比新西兰更靠近澳大利亚，根据很多地理学家的见解，它应该属于澳大利亚大陆，这一矛盾主要是由于大洋洲的提法早于澳洲的提法。若以澳洲来看，最高峰是海拔 2228 米的科西

※ 查亚峰

阿斯科山；若以大洋洲来看，最高峰是海拔 5029 米，位于巴布亚新几内亚的查亚峰。这对于以攀登七大洲最高峰的攀登者来说是一个很难决定的问题，于是很多攀登者选择攀登两座山，最终实现攀登上七大洲的最高峰的目标。

> ▶ 知 识 窗
>
> 　　查亚峰虽然不是所有山峰中攀登难度最大的山峰，但它却被列为最高技术等级。查亚峰标准攀登路线是从查亚峰的北侧，沿着山脊登顶，这条路线全都是坚硬岩石。虽然拥有丰富的矿物，但是这个地区对于健行者与社会大众来说却是很难接近的，距离最近且拥有机场的城镇也有 100 千米，从这里前往基地营通常需要 4～5 天的时间。

　　自从 2001 年因独立问题和地方冲突等一系列的原因，巴布亚对查亚峰施行封锁。直到 2005 年底才对外界重新开放。当地政府对进入此地区的外国游客管理很严，加上当地经济被美国公司的铜矿开采控制，与当地原住民时有冲突，最终导致查亚峰地面进山交通十分混乱。事实上攀登查亚峰更多意义上是一次探险，仅仅进山途径就阻碍重重。乘直升飞机到大本营，受气候影响，曾有队伍等候十几天才飞进山的情况；从北面徒步进山，穿过热带丛林，行程约 100 千米，需要六天抵达大本营，行军难度大，要抵御各种热带虫兽和疾病的袭击；第三条途径是借道铜矿，从南侧驱车驶进，抵达矿区末端之后，然后再徒步前行。

◎惊险

　　查亚峰的神秘与刺激用首次登上此峰的金飞豹的来话说："查亚峰之行，经历了太多的第一次，第一次经历动荡的政治局势、第一次化装成'矿工、武装军人'登山、第一次体会真正的攀岩登山。"由于当地时局风云莫测，登山者需要改头换面，乔装打扮才能过到达营地。此外，国外财团和当地联合在山脚下疯狂敛财行为，也让人汗颜。最让人感到神秘的是山下热带雨林中食人族的传说。

拓展思考

1. 攀登查亚峰要注意什么问题？
2. 对比查亚峰与科西阿斯科山的险峻情况。

美国麦金利山

Mei Guo Mai Jin Li Shan

麦金利山，又名丹奈利峰，印第安人又称其为"迪纳利峰"，意思为"太阳之家"。位于美国阿拉斯加州东南部的阿拉斯加山脉的中段，海拔为 6194 米，是北美洲最高峰，也是美国的最高峰。麦金利山有南、北二峰，南峰海拔 6193 米，北峰高 5934 米，山势险峻。

※ 麦金利山

◎地理环境

麦金利山系属科迪勒拉山系，它还是在第三纪晚期和第四纪时期隆起的巨大穹窿状山体。为一巨大的背斜褶皱花岗岩断块山，山势陡立。由于地处边陲，天气寒冷，2/3 的山体终年积雪，冰川发育良好，规模较大，有卡希尔特纳和鲁斯等主要冰川。

◎气候特征

由于受到太平洋暖流影响，麦金立山地区的气候逐渐变暖。山地北坡降水少，雪线高度达 1830 米。而南坡降水量较多。麦金利山地区海拔在762 米以下，森林发育良好，成为典型的北极植被。主要植物是杉树和桦树。麦金利山地区有变幻莫测的高山风，这里大部分地区终年积雪，山间经常浓雾不断，雾气在皑皑白雪中缭绕弥漫，几百米之外的景物便不可见。夏季，紫色的杜鹃花和铃状石南花点缀着麦金利山的绿色山坡，非常迷人。

·北太平洋暖流·

北太平洋暖流又名北太平洋西风漂流。位于东经 140°～160°处与黑潮相接。介于北纬 35°～42°间，流向东，自日本本州岛东北部外海延伸到北美大陆西部近海后分为两支：一支北上，称阿拉斯加暖流；一支沿北美大陆外缘南下，称加利福尼亚寒流。该暖流位于热带水与极地水交界处，具有宽广的过渡区。

◎麦金利山国家公园

  1917 年，麦金利山成为麦金利山国家公园。麦金利山国家公园成为美国仅次于黄石公园的第二大公园，面积 6800 多平方千米。由于麦金立山所处位置独特，加上人烟稀少，气候寒冷形成了它奇特的自然风光。公园以北 400千米就是北极圈。因为这里的山脉没有森林覆盖，所以麦金利山国家公园大部分地方没有树木。与其他的国家公园相比，在麦金

※ 麦金利山下的山坡

利山国家公园能享受到独特的极地风光，人们可以感受到冬季的暗无天日，也能享受夏季的漫长白夜所带来的奇妙感受。还可以体验一下因纽特人的生活：住冰屋、捕鱼、打猎。此外，这里还是对冰川冻土、极地高山气候、自然生态、地球物理等进行科学研究的理想之地。

  麦金利山国家公园还是著名的野生动物保护区，在这里生活的野生动物有：大灰熊、驼鹿、驯鹿、野大白羊、狼、狐狸、金鹰、潜鸟、狼獾、旱獭、鼠兔、小型哺乳动物以及一些野生鸟类。每年 6 月底到 7 月初，更是可以看到成百上千的驯鹿结队而行进行大迁移的壮观景象。

◎攀登

  第一次有关麦金利山的记载是在 1794 年。英国航海家乔治·克安克瓦沿着阿拉斯加海岸线航行时，在北方的水平线上发现了这座"伟大的雪山"。

  麦金利山以其独特的风光出现在世人眼前，吸引了大量的探险家及登

※ 攀登金麦利山

山爱好者都会来此攀援。但由于开始时对它的不了解，登此山困难是非常大的。1984 年冬季，日本登山家植村直己就在攀登此山时遇难身亡，成为麦金利山攀登史上第 44 位殉难者，这也直接造成了很多知名的登山家对麦金利山的望而却步。

1910 年 4 月 10 日，威廉姆·泰勒和皮特·安德森来此山攀登，他们从凌晨 3 点开始出发，用一天的时间登上了麦金利山北峰峰顶，这段路程是 2400 米，这在当时已经是非常好的记录，但由于他们登上的不是麦金利风的主峰—南峰，这也就意味着他们并没有征服麦金利山。

直到 1913 年，麦金利才被以特德森·斯图克为队长的四人登山队征服。

如今为保证登山者的安全，保护山区环境，规定麦金利山接待的登山者将不得超过 1500 人。

｜拓展思考｜

1. 麦金利山的最佳攀登时节是什么时候？
2. 麦金利山的保护措施除了限制登山人数外还有什么？
3. 在我国都有哪些国家自然公园？

中国昆仑山

Zhong Guo Kun Lun Shan

昆仑山是中国西部山系的主干。从东向西绵亘2,000千米，西起帕米尔高原东部，东至柴达木河上游谷地。于东经97°～99°处与巴颜喀拉山脉和阿尼玛卿山（积石山）相接壤，北邻塔里木盆地与柴达木盆地。山脉全长2500余千米，宽130～200千米，平均海拔

※ 昆仑山

5500～6000米，西窄东宽，总面积达50多万平方千米。公格尔山是昆仑山的最高峰，海拔7649米。

◎地质与地势

昆仑山地区以前震旦系为基底，其中轴和山脉中脊是经过古生代海域下沉及华力西运动褶皱上升而构成的，主脊两侧4000米以上的山体则是中生代燕山运动构成的。昆仑山脉与塔里木盆地和柴达木盆地间均以深大断裂相隔。属南亚陆间区与中轴大陆区交界的北缘。

东昆仑由三大山系组成：北支阿尔金山－祁连山、中支昆仑山、南支唐古拉山。

总的来说，昆仑山脉呈西高东低状，因地势可将其分为西、中、东三段。西段主要山口有乌孜别里山口、明铁盖山口、红其拉甫达坂及康西瓦等，平均海拔为5500～6000米；中段包括克里雅山口和喀拉米兰山口，平均海拔5000～5500米；东段昆仑山垭口是青藏公路必经之道，平均海拔4500～5000米。

◎气候

昆仑山脉的气候受到大陆气团的影响，致使年气温和日气温波动巨

大。在其山系中段天气最干燥，尤其是在高海拔区约为 102～127 千米处，年降水量在山麓不足 50 千米但西部和东部的气候多少有些湿润，在帕米尔和西藏诸山附近，年降水量增加到 457 千米。在山与平原交界处，7 月平均气温是 25℃～28℃，在 1 月不低于－9℃；然而在山的上部和西藏边界，7 月平均温度低于 10℃，在冬季则常降至－35℃或更低。

昆仑山北坡是暖温带荒漠，有塔里木荒漠和柴达木荒漠。降水量小；随着海拔的增高，暖温带荒漠过渡为高山荒漠，降水量随之增加。雪线在海拔 5600 米至 5900 米，雪线以上为终年不化的冰川，冰川面积达到 3000 平方千米以上，是中国的大冰川区之一。

◎冰川

受气候的影响，昆仑山几乎没有冰川作用，冰川活动的主要中心只出现在海拔约接近 7,010 米处，这也是为什么昆仑山的海拔很高，外表积雪却也只存在于最高山峰的深隙之中的主要原因。而它最吸引人的是冰川非同寻常的陡峭和缺乏融水的独特风光。

昆仑山的冰川融水是中国几条主要大河的源头，包括长江、黄河、澜沧江（湄公河）、怒江（萨尔温江）和塔里木河。该山有两个主要河网：发源于喀喇昆仑山脉和藏北的大河，流水切割峡谷，穿越整个昆仑山链而去，还有一个河网是疏泄外围山坡流水的小河。主要河流形成漫长曲折的河谷，有几条河流是昆仑山北缘绿洲的灌溉用水。

昆仑山水的主要来源是由积雪和冰川融化供水，所以昆仑山的河系水流量季节性很强，夏季的流量最大，能达到 60％～80％，在这时冰雪的强烈融化与最大降水结合在一起达到了昆仑山水系流量的高潮。由于温度高引起的雪和冰川的强烈蒸发导致了浅盐湖的形成。

◎火山

昆仑火山群是由周边山区、高原上罕见的火山山区共同组成的，有超过 70 座火山坐落于此，其中最高的一座火山海拔高达 5808 米，但是因为这座火山处于高原上，因此实际上火山锥实体仅高于周边高原约 300 米，但以绝对高度而言，该火山是亚洲的最高火山，是仅次于乞力马扎罗火山的东半球第二高火山，可以算是七大洲最高火山之一，但这座火山是活火山，其最后一次爆发时间为 1951 年 5 月 27 日。

◎资源

由于昆仑山区气候干燥，植物主要是低矮的灌木类，共有100多种高等植物。野生动物大都是高原动物，如藏羚羊、野牦牛、野驴等。

中国著名的和田玉，就是产自新疆和田的昆仑山山麓。从古至今昆仑山都是中原地区玉石主要来源地。因此《千字文》有"玉出昆岗"一说。

※ 和田玉石

◎文化象征

作为中国第一神山的昆仑山，很多神话故事都来源于此。有很多古书都有对它的记载，最早的是《尚书》中《禹贡》篇里对昆仑山的记载。《山海经·海内西经》描述："海内昆仑之虚，在西北、帝下之都。昆仑之虚，方八百里，高万仞。上有木禾，长五寻，大五围。面有九井，以玉为槛。面有九门，门有开明善守之，百神之所在。"《淮南子》认为："昆仑之丘，或上倍之，是谓凉风之山，登之而不死；或上倍之，是谓悬圃，登之乃灵，能使风雨；或上倍之，乃维上天，登之乃神，是谓太帝之居。"干宝《搜神记》卷十三云："昆仑之墟，…… 其外绝以弱水之深，又环以炎火之山。山上有鸟兽草木，皆生育滋长于炎火之中，故有火浣布。"王嘉《拾遗记》卷十云："昆仑山有昆陵之地，其高出日月之上。山有九层，每层相去万里。有云气，从下望之，如城阙之象。"

神话故事中描写西王母就住在昆仑山，在《穆天子传》中就有"穆王八骏渡赤水，昆仑瑶池会王母"的记载。

昆仑山在中华民族的文化史上具有"万山之祖"的显赫地位，古人称昆仑山为中华"龙脉之祖"。在中国道教文化里，昆仑山被誉为"万山之祖"，也是"万神之乡"。

◎旅游

格尔木昆仑文化旅游区是国家4A级旅游区，其中察尔汗盐湖、万丈盐桥使人走入梦幻般的盐世界；纳赤台清泉被誉为"冰山甘露"；流传至

※ 文成公主像

今的文成公主进藏的故事；具有青海特色的蒙古族风情；分布在柴达木盆地西北部的雅丹地貌等众多旅游资源。

▶ 知 识 窗

·雅丹地貌·

　　雅丹地貌是一种典型的风蚀性地貌。"雅丹"在维吾尔语中的意思是"具有陡壁的小山包"。由于风的磨蚀作用，小山包的下部往往遭受较强的剥蚀作用，并逐渐形成向里凹的形态。如果小山包上部的岩层比较松散，在重力作用下就容易垮塌形成陡壁，形成雅丹地貌，有些地貌外观如同古城堡，俗称魔鬼城。

拓展思考

1. 昆仑山在我国为什么会有如此高的地位？
2. 昆仑山文物的保护情况？

山东泰山

Shan Dong Tai Shan

泰山在中国的文化中有着举足轻重的地位，不仅是"五岳"之首，还被誉为"天下第一山"。泰山位于我国山东省中部，海拔 1532.7 米，东西长约 200 千米，南北宽约 50 千米，贯穿山东中部，主脉，支脉，余脉涉及周边十余县。

◎地理环境

泰山拔起于齐鲁丘陵之上，主峰奇兀，山势陡峭，群峰连绵，形成"一览众山小"和"群峰拱岱"的高旷气势。

泰山东望黄海，西襟黄河，汶水环绕，前瞻圣城曲阜，背靠泉城济南，以拔地通天之势雄峙于中国东方，以五岳独尊的盛名称誉古今，被尊为"天下第一山"，位居"中华十大名山"之首。泰山，不仅是历代帝王视作的"神山"，更是中华民族的精神象征，华夏历史文化的缩影。

泰山多松柏，其中以迎客松最为有名。

※ 泰山

※ 迎客松

28

◎气候

泰山地区属温带季风性气候，具有明显的垂直变化。山顶年均气温5.3℃，比山麓泰城低7.5℃；即使在炎炎夏日登山，也会感觉到阴凉舒适，山顶年均降雨量1124.6毫米，相当于山下的1.5倍；山上春秋相连，山下四季分明。

夏季凉爽，最热的七月平均气温仅17℃，即使酷暑盛夏登山，在青松翠柏掩映下，亦感阴凉舒适。若赶上夏季的雨过天晴，就可在山顶上领略到山上红霞朵朵，脚下云海碧波的壮丽景色。春秋两季较温和，平均气温10℃，但春季风沙较大。秋天则风雨较少，晴天较多，秋高气爽，万里无云，为登山观日出的黄金季节。泰山冬季天气偏冷且较长，结冰期达150天，极顶最低气温－27.5℃，形成雾凇雨凇奇观。

◎风景

泰山景色会带来既虚幻又厚重的美妙感受，这里有秀丽的麓区、静谧的幽区、开阔的旷区；还有旭日东升、云海玉盘、晚霞夕照、黄河金带等十大自然奇观及石坞松涛、对松绝奇、桃园精舍、灵岩胜景等十大自然景观，宛若一幅天然的山水画卷；人文景观方面，其布局重点从泰城西南祭地的社首山、蒿里山至告天的玉皇顶，形成"地府""人间""天堂"三重空间。岱庙是山下泰城中轴线上的主体建筑，前连通天街，后接盘道，形成山城一体。由此步步登高，渐入佳境，有"人间"进入"天庭仙界"之意。泰山自秦统一以来，先后有十二位皇帝前来封禅，泰山刻碑至今已有历代刻石2500余处，其丰富厚重的文化历史使得泰山不愧承受"国山"之称。

> ▶知识窗
>
> ### ·泰山石刻·
>
> 泰山石刻涵括了整个中国的书法史，展示了中国书法艺术形变神异、一脉相承的发展脉络，书法艺术在泰山主要以石刻形式保存下来，其中大部为自然石刻，少量为碑碣。泰山石刻源远流长，分布广泛，数量众多，现存碑刻500余座、摩崖题刻800余处，碑刻题名之多居中国名山之首，成为一处天然的书法展览，具有很高的艺术和史料价值。

◎日出

泰山日出在我国奇景中可谓是代表，当黎明时分，站在山顶举目远眺东方，一线晨曦由灰暗变成淡黄，又由淡黄变成橘红。天空的云朵，颜色绚烂夺目，千变万化，漫天彩霞与地平线上的茫茫云海融为一体，水天一色。流光溢彩的海面上，云幕被红色的日轮挑开，好像一个火红的灯笼悬挂天际，刹那间，光芒四射，群峰尽染，宛若处在天之边。

※ 泰山日出

◎碧霞祠传说

　　传说姜子牙辅佐周武王建立了周氏王朝后，一统天下，但周武王不知如何分封大臣最好。于是他让姜子牙分封诸侯，把全国其他的名山大川、风水宝地均封给其他大臣，为自己留了一座雄伟秀丽的泰山。可谁知半路里又杀出个程咬金，武王的护驾大将黄飞虎找上门来，非要把泰山封给他不可。两人正在商榷之时，得到风声的黄飞虎的妹妹黄妃也赶来要泰山。姜子牙见两人争得面红耳赤，便对他们说："好了二位，谁也别争，谁也别抢，凭自己的本事，谁先登上泰山，泰山就是谁的。"黄飞虎是个四肢发达、头脑简单的武夫，比赛日期一到，便骑上他的麒麟，日夜兼程，从京都直奔泰山。黄妃只是一柔弱女子，为赢得泰山绞尽了脑汁，终于想出了一条妙计。比赛一开始，她先将自己的鞋子脱下一只，使了个神法，将鞋子扔到玉皇顶上，然后才不慌不忙地向泰山赶来。等到黄妃爬上泰山，兄长早在南天门上等得不耐烦了。黄妃赶到后两人争论起来互不服输，她建议自己住山上让哥哥住山下。等姜子牙赶来，一看便知道黄飞虎上了妹妹的当。但见黄氏兄妹都协商妥了，便不想再惹出事端，便依顺他们的意思，把黄飞虎封为泰山神，把黄妃封为碧霞元君，一个在山下天贶殿，一个在山顶碧霞。

拓展思考

1. 泰山还有什么传说？
2. 中国历朝皇帝中哪位皇帝去泰山的次数最多？

地球上的名山异洞

安徽黄山

An Hui Huang Shan

黄山，被誉为"天下第一奇山"。位于安徽省南部黄山市黄山区境内，南北长约 40 千米，东西宽约 30 千米，山脉面积 1200 平方千米，核心景区面积约 160.6 平方千米。黄山为三山五岳中的三山之一。黄山是国家级风景名胜区和疗养避暑胜地。1990 年 12 月，被联合国教科文组织列入《世界文化与自然遗产名录》，是中国第二个同时作为文化、自然双重遗产列入名录的遗产。

◎地质地貌

在四亿年前，现在的黄山还是一片广阔的汪洋，在经历了漫长复杂的造山运动和地壳抬升，以及冰川和自然风化作用，才形成了奇特壮观的黄山。黄山群峰林立，有七十二峰素有"三十六大峰，三十六小峰"之称，主峰莲花峰海拔高达 1864.8 米，与平旷的光明顶、险峻的天都峰一起，位于景区中心，周围还有 77 座千米以上的山峰，群峰气势磅礴，呈现出一幅令人赞叹不已的壮观瑰丽的立体画。

黄山山体主要由燕山期花岗岩构成，垂直节理发育，侵蚀切割强烈，断裂和裂隙纵横交错，长期受水溶蚀，形成瑰丽多姿的花岗岩洞穴与孔道，使之重岭峡谷，关口处处，全山有岭 30 处、岩 22 处、洞 7 处、关 2 处。前山岩体节理稀疏，岩石多球状风化，山体浑厚壮观；后山岩体节理密集，多是垂直状风化，山体峻峭，形成了"前山雄伟，后山秀丽"的地貌特征。

仅在第四纪冰川时期，黄山就发生了三次冰期。受冰川的搬运、刨蚀和侵蚀作用，花岗岩体上留下了很多冰川遗迹，形成了黄山特有的冰川地貌景观。再加上出露地表以后，受到大自然长时间的天然雕刻，终于形成了今天这样气势磅礴、雄伟壮丽的自然奇观。

◎气候

黄山属于亚热带季风气候区，地处中亚热带北缘、常绿阔叶林、红壤黄壤地带。由于山高谷深，气候呈垂直变化。又因所处位置不同，造成北坡和南坡受到不同的阳光辐射，局部地形对其气候起主导作用，形成云雾多、湿度大、降水多的气候特点，与海洋性气候接近，夏无酷暑，冬少严寒。年均气温8℃，夏季最高气温27℃，冬季最低气温−22℃，夏季平均温度为25℃，冬季平均温度为0℃以上。年平均降雨日数183天，多集中于4～6月，年均降雨量2348.2毫米。西南风、西北风频率较大，年平均降雪日数达49天。

◎植物

黄山的植物呈十分明显的垂直分布状，其自然环境优越，黄山的森林覆盖率为56％，植被覆盖率达83％，有700多种树种，加上引种培育的树种，共有1000多种之多。其中包括国家一类保护树种水杉，二类保护的有银杏等4种，三类保护的8种。黄山还是著名的茶叶产区，年产茶叶2.5万吨左右，其中祁红、屯绿多次荣膺国际金、银奖；黄山毛峰、太平猴魁、顶谷大方均在中国十大极品名茶之列；黄山银钩、祁红工夫茶等四个品种，被选为国家外交名茶。

※ 黄山花楸

◎动物

在黄山的密林中生活着200多种飞禽走兽，其中属于国家保护的珍贵鸟兽有20多种，溪河塘坝中的鱼类有120多个品种，其中包括金丝猴、大灵猫、熊、蕲蛇、短尾猴、猕猴、香狸、獐、白颈长尾鸡、八音鸟、相思鸟等珍贵物种。

◎旅游

说到黄山的代表，黄山松当仁不让。在其延绵的几千千米的山体中到处都是松树，它们破石而生盘植在山垣之上，郁郁葱葱，干曲枝虬，卓越多姿。或高大苍劲，或独立峰巅，或倒悬绝壁，或冠平如盖，或尖削似剑。有着"无树非松，无石不松，无松不奇"的美誉，其中迎客松、望客松、送客松、探海松、蒲团松、黑虎松、卧龙松、麒麟松、连理松是黄山的十大名松。

黄山的云海虚无缥缈，美轮美奂，宛如天际。相比于其他的山峰云海有过之而无不及，流云散落在诸峰之间，云来雾去，变化莫测。平静时好似虚幻烟镜；奔腾时，好似千军万马，惊涛拍岸，尤为壮观瑰丽。围撩的云雾里的山峰时隐时现，时而略显轮廓，时而彰麓引出，时而清晰的近观到那傲然的苍翠，时而又模糊的只剩白茫一片。

黄山的怪石，最大的特点是千奇百怪和数量巨大，目前已被命名的怪石就有120多处。其形态可谓千奇百怪，令人叫绝，似人似物，似鸟似兽，姿态万千，栩栩如生。黄山怪石从不同的位置，在不同的天气观看情趣迥异，可谓"横看成岭侧成峰，远近高低各不同"。其分布可谓遍及峰壑巅坡，或兀立峰顶或戏逗坡缘，或与松结伴，构成一幅幅天然山石画卷。

黄山千岩万壑，几乎每座山峰上都有许多灵幻奇巧的怪石，其形成期约在100多万年前的第四纪冰川期，黄山石"怪"就怪在从不同角度看，就有不同的形状。站在半山寺前望天都峰上的一块大石头，形如大公鸡展翅啼鸣，故名"金鸡叫天门"，但登上龙蟠坡回首再顾，这只一唱天下白的雄鸡却仿佛摇身一变，变成了五位长袍飘飘、扶肩携手的老人，被改冠以"五老上天都"之名。

黄山峰海，无处不石、无石不松、无松不奇。奇松怪石，往往相映成趣，位于北海的梦笔生花、"喜鹊登梅"（仙人指路）、老僧采药、苏武牧羊、飞来石、猴子望太平（猴子观海）等，据说黄山有名可数的石头的就达 1200 多块，大都是三分形象、七分想象，以自己心中所想看石头，就会使一个没有生命的石头有了些灵气。欣赏时不妨充分发挥自己的想象力，会有别样的体验。

黄山的温泉（古称汤泉），源出海拔 850 米的紫云峰下，水质以含重碳酸为主，可做饮用水也可以沐浴用。传说轩辕黄帝就是在此沐浴七七四十九日之后重获年轻，羽化成仙的，因此又被誉之为"灵泉"。黄山温泉由紫云峰下喷涌而出，与桃花峰隔溪相望，是经游黄山大门进入黄山的第一站。

温泉每天的出水量约 400 吨左右，常年不息，水温常年在 42℃ 左右，属高山温泉。黄山温泉对消化、神经、心血管、新陈代谢、运动等系统的某些病症，尤其是皮肤病，均有一定的功效。

三瀑

黄山有 36 源、24 溪、20 深潭、17 幽泉、3 飞瀑、2 湖、1 池。黄山之水，除了温泉之外，尚有飞瀑、明荃、碧潭、清溪，每逢雨后，到处流水潺潺，波光粼粼，瀑布响似奔雷，泉水鸣如琴弦，一派鼓乐之声。著名的有"人字瀑""百丈泉"和"九龙瀑"，并称为黄山三大名瀑，人字瀑古名飞雨泉，在紫石、朱砂两峰之间流出，危岩百丈，石挺岩腹，清泉分左右走壁下泻，成"人"字型瀑布，最佳观赏地点在温泉区的"观瀑楼"；九龙瀑，源于天都、玉屏、炼丹、仙掌诸峰，自罗汉峰与香炉峰之间分九叠倾泻而下，每叠有一潭，称九龙潭。

古人赞曰："飞泉不让匡庐瀑，峭壁撑天挂九龙"，是黄山最为壮丽的瀑布。百丈瀑在黄山青潭、紫云峰之间，顺千尺悬崖而降，形成百丈瀑布。近有百丈台，台前建有观瀑亭。现代肖草《黄山揽雾》诗："烟云缥缈湿红衣，隔雾细闻一鸟啼；惊叹天河挂银须，吟罢已过半山西"给予真实诠释。

雾凇雨凇

黄山年平均有雾凇 62 天，雨凇 35.9 天。黄山大部分是粒状雾凇，气温在 −2 至 −7℃ 时，就容易形成当雾滴扩大到毛毛细雨时，就能形成雨凇。黄山地形复杂，小气候差异明显，所以有的地方雨凇较多，有的地方则是雾凇较多，有的时候两者会同时出现。

▶ 知 识 窗

·最佳旅游时间·

黄山风景绮丽，四季宜游，在黄山欣赏奇松怪石，阴观云海变换，雨觅流泉飞瀑，雪看玉树琼枝，风听空谷松涛。

春（3～5 月）观百花竞开，松枝吐翠，山鸟飞歌。

夏（6～8 月）观松、云雾及避暑休闲。

秋（9～11 月）观青松、苍石、红枫、黄菊等自然景色。

冬（12～2 月）观冰雪之花及雾凇。

拓展思考

1. 黄山有哪些著名景区？

2. 雾凇与雨凇的最佳观看时期是什么时候？

3. 黄山观日出最佳地点在哪里？

江西庐山

Jiang Xi Lu Shan

庐山地处江西省北部的鄱阳湖盆地，九江市以南，临近鄱阳湖畔，雄峙长江南岸。庐山山体呈椭圆形，长约 25 千米，宽约 10 千米，绵延的 90 余座山峰，犹如九叠屏风，屏蔽着江西的北大门。庐山以雄、奇、险、秀闻名于世，素来享有"匡庐奇秀甲天下"的美誉。巍峨挺拔的青峰秀峦、喷雪鸣雷的飞瀑涌泉、千变万化的云海奇观、巧夺天工的园林建筑，一展庐山的无穷魅力。庐山以其盛夏如春的凉爽气候最为著名，是闻名世界的风景名胜区和避暑游览胜地。

庐山风景区总面积 302 平方千米，山体面积 282 平方千米，最高峰汉阳峰海拔 1474 米，东偎鄱阳湖，南靠南昌滕王阁，西邻京九大通脉，北枕滔滔长江。大江、大湖、大山浑然一体，雄奇险秀，刚柔并济，形成了世所罕见的壮丽景观。"春如梦、夏如滴、秋如醉、冬如玉"，宛如从一幅立体的壮观山水画。历史造就此山，文化孕育此山，名人喜爱此山，世人赞美此山。中华民族源远流长的历史和数千年博大精深的文化蕴育了庐山无比丰厚的内涵，使她不仅风光秀丽，更集教育名山、文化名山、宗教名山、政治名山于一身。从司马迁"南登庐山"，到陶渊明、李白、白居易、苏轼、王安石、黄庭坚、陆游、朱熹、康有为、胡适、郭沫若等 1500 余位文坛巨匠登临庐山，留下 4000 余首诗词歌赋的文化名山的确立；从慧远始建东林寺，开创"净土法门"，到集佛、道、天主、基督、伊斯兰教于一身的宗教圣地的形成；从朱熹重建白鹿洞书院弘扬"理学"，到教育丰碑的构建；从"借得名山避世哗"的隐居之庐，到上世纪初世界 25 个国家风格的庐山别墅群的兴建；从胡先骕创建中国第一个亚热带山地植物园，到李四光

※ 庐山

"第四纪冰川"学说的创立；从上世纪中叶，庐山成为国民政府的"夏都"，到庐山作为政治名山地位的确立……庐山的历史遗迹，代表了中国历史发展的大趋势，处处闪烁着中华民族历史文化的光华，充分展示了庐山极高的历史、文化、科学和美学价值。她是千古名山，得全国人民厚爱及世界的肯定，获一系列殊荣：首批国家重点风景区、全国风景名胜区先进单位、中国首批4A级旅游区、全国文明风景区、全国卫生山、全国安全山、中华十大名山之一、世界文化遗产地——我国目前惟一的世界文化景观，我国首批世界地质公园。

◎庐山地貌

庐山的地形成因是断裂隙起的断块山，周围断层颇多，特别是东南部和西北部，呈东北——西南走向的断层规模较大。由于这种断层块构造而形成的山体，故多奇峰峻岭，伟岸挺拔，千姿百态。有的浑圆如华盖；有的绵延似长城；有的高摩天穹；有的俯瞰波涛；有的像船航巷海；有的如龟行大地；雄伟状观，气象万千。山地的周围则满布着断崖峭壁，峙谷幽深；但从牯岭街至汉阳峰及其他山峰的相对高度却不大，走伏较小，谷地宽广，形成"外陡里平"的奇特地形，极便于旅游。

庐山处于亚热带季风区，气候十分适宜，盛夏季节更是避暑胜地。庐山的年降水量可达1950～2000毫米，而山下的九江则为1400毫米左右。因山中温差大的原因，致使云雾多。云雾经久不散，千姿百态，魅力无穷。有时山巅高出云层之上，从山下看山上，庐山云天飘渺，时隐时现，宛如仙境；从山上往山下看，脚下则漫漫云海，有如腾云驾雾一般。有时山上暗无天日，山下则是细雨飘飞，充满诗意。

优越的自然条件，使得庐山植物生长茂盛，植被丰富。随着海拔高度的增加，地表水热状况垂直分布，由山麓到山顶分别生长着常绿阔叶林，常绿及落叶阔叶混交林。据不完全统计，庐山植物有210科、735属、1720种，分为温带、热带、亚热带、东亚、北美和我国7个类型，俨然是一座天然的植物园。

◎庐山的传说

早在周初（大约前十六、十七世纪），也有说在周威烈王时候（即前四世纪），有一位匡俗先生，在庐山学道求仙。据说匡俗字君孝，有的书称匡裕，字子孝，也有称为匡续。从中国传统的名与字的联义看，其名为裕较为合理，俗字是误传，俗、续二字罔音。现在普遍流传的名字是称他匡俗，匡裕就很少有人知道。除此之外，还有称匡俗为庐俗，这种传说是因名山而臆想其人，以地名为氏，以氏为姓，符合古代的惯例。据说，匡俗在庐山寻道求仙的事迹，为朝廷所获悉。于是，周天子屡次请他出山相助，匡俗也屡次回避，潜入深山之中。后来，匡俗其人无影无踪。有人说他成仙去了。后来人们美化这件事把匡俗求仙的地方称为"神仙之庐"。并说庐山这一名称，就是这样出现的。因为"成仙"的人姓匡，所以又称匡山，或称为匡庐。到了宋朝，为了避宋太祖赵匡胤脱匡字的讳，而改称庐山。

另一种传说，在周武王时候，有一位方辅先生。同老子李耳一道，骑着白色驴子，入山炼丹，二人也都"得道成仙"，山上只留下一座空庐。人们把这座"人去庐存"的山，称为庐山。"成仙"的先生名辅，所以又称为辅山。但是老子与武王并不同时，这同样是神话故事。

◎庐山的文化

庐山拥有深厚的历史文化底蕴，有着众多的名胜古迹遍布。千百年来，无数文人墨客、名人志士在此留下了浩如烟海的丹青墨迹和脍炙人口的篇章。苏轼写的"不识庐山真面目，只缘身在此山中"的庐山云雾；李白所写的"飞流直下三千尺，疑是银河落九天"的秀峰马尾瀑；毛泽东写的"天生一个仙人洞，无限风光在险峰"的吕洞宾在修仙之时所居住的仙人洞，都是极富盛名的绝境。庐山的名胜古迹还有：位于中国四大书院之首的白鹿洞书院、唐寅《庐山图》中的观音桥、周瑜鄱阳湖练兵点将之处周瑜点将台、周敦颐写出《爱莲说》的爱莲池、朱元璋与陈友谅大战鄱阳湖时在此休息屯兵饮马的小天池、靠在栏杆上就可以远眺浩瀚长江的望江亭、白居易循径赏花的花径、神奇的千年古树三宝树、观鄱阳湖日出的含鄱口，有3000多种植物的植物园、如五老并立的五老峰、抛珠溅玉的三叠泉瀑布，被陆羽誉为天下第一泉的谷帘泉，天卜第六泉的招隐泉，天下第十泉的天池峰顶龙池水等等。

庐山山水文化是中国山水文化的一部分，是中国山水文化的历史缩影。庐山的自然之美，充满着诗意，亦是"人化"的自然。自东晋以来，诗人们用他们的慷慨激情及绝妙的文笔，书写庐山的赞歌。东晋诗人谢灵运的《登庐山绝顶望诸峤》、南朝诗人鲍照的《望石门》等，是中国最早的山水诗之一，庐山可以说是中国山水诗的发源地之一。著名诗人陶渊明一生以庐山为背景进行创作，他所开创的田园诗风，影响了他以后的整个中国诗坛。唐代诗人李白，曾五次游历庐山，为庐山留下了《庐山遥寄卢侍御虚舟》等 14 首诗歌，他的《望庐山瀑布》同庐山瀑布千古长流，在全世界享有盛名，是中国古代诗歌的极佳之作。宋代诗人苏轼的《题西林壁》，广为流传，影响很大，"不识庐山真面目，只缘身在此山中"，成为充满辩证哲理的名句……

山水诗、山水画是中国山水文化中的两个非常重要的部分，山水诗由于庐山而光芒四射，山水画亦在庐山出尽彩头，闪耀着迷人的光芒。东晋画家顾恺之创作的《庐山图》，成为中国绘画史上第一幅独立存在的山水画，从此历代丹青大师以庐山为载体，以这一艺术形式对庐山赋予美感境界的表述。中国画在理论上的第一次突破，亦是顾恺之的"传神说"，然而这是受到东晋高僧慧远在庐山阐发的"形尽神不灭论"哲学思想影响的结果。庐山东林寺莲社"十八高贤"之一的宗炳，他所撰的《画山水序》，成为真正意义上的第一篇中国山水画论，他所阐述的山水"畅神说"，打破了"君子此德"的美学观，表现了一个全新的美学观念。

◎庐山的景观

牯岭

牯岭是庐山的标志。牯岭是庐山的中心。三面被山所环绕，只有一面临谷，海拔 1164 米，方圆 46.6 平方千米，犹如桃园圣地。

牯岭原名牯牛岭，因岭的形状像一头牯牛而得名。19 世纪末，英国传教士李德立入山，租用了牯牛岭的长冲，在这里兴建住宅别墅，经过逐步的开发，并按其气候清凉的特点，据英文 Cooling 的音译，把牯牛岭简称为牯岭。山城以牯牛岭为界分为东西两谷，地势平坦，峰峦葱茏，溪流潺潺，青松、丹枫遮天蔽日。近千幢风格各异的各国别墅依山就势而筑，层次不齐，各有特色，犹如点缀在万绿丛中，与周围环境浑为一体，在国内是非常少有的高山建筑景观。

这里不仅是庐山政治、经济、文化、旅游接待和疗、休养的服务中心，而且是通往各景区、景点的交通枢纽。

如琴湖

如琴湖建于 1961 年，面积约 110,000 平方米，蓄水量约 1,000,000 立方米。因湖面形如小提琴，故名。湖座落西谷，四周被峰岭环绕，郁郁葱葱的森林，环境十分幽静。湖心立岛，岛内有许多人工饲养的孔雀，所以名为孔雀岛，曲桥连接，水汽弥漫，绿水依着青山，相映成趣，在岛上会有一种脱离尘世的愉悦。

从牯岭街的街心公园出
发沿大林路西行，便到如琴
湖。湖中有曲桥、亭榭、花
径，花径又称"白司马花
径"，以白居易曾循径赏花而
得名。这是一个山中公园，
园门有楹联："花开山寺，咏
留诗人"，门上为"花径"二
字。园内有花径亭，亭中有
"花径"二字刻石，相传为白

※ 如琴湖

居易所书。还有"景白亭""紫莉亭""花径人工湖""花展室""动物园"
等诸景。园中遍植桃花和各种名花，白居易的名句"人间四月芳菲尽，山
寺桃花始盛开"就指此地。湖东大林路旁，有著名的冰川遗迹——"飞来
石"。

▶ 知 识 窗

　　历史上有很多描写庐山的诗句，如：李白的《望庐山瀑布》：日照香炉生紫
烟，遥看瀑布挂前川。飞流直下三千尺，疑是银河落九天。

拓展思考

1. 你还知道哪些关于庐山的诗句？

2. 关于庐山的传说是什么？

四川峨眉山

Si Chuan E Mei Shan

峨眉山位于中国四川盆地西南边缘向青藏高原过渡地带，主峰为金顶。最高峰万佛顶，海拔 3099 米，相对高差近 2600 米，面积 154 平方千米，外围保护区域面积为 469 平方千米，生物土壤气候垂直带明显。在这里佛教文化历史悠久，内涵丰厚，构成了峨眉山"雄、秀、神、奇"的特色，素有"植物王国"、"地质博物馆"、"佛国仙山"之称，并有"峨眉天下秀"之赞誉。

峨眉山，这个被称为世界上最神奇的地方，地处北纬 30 度，位于地球上最神秘的地带，有着无数的不解之迷，有着浓重的神秘色彩。而以"天府之国"著称的中国四川盆地，是世界上处于北纬 30 度古文明发祥地惟一没有被沙漠化的地区。峨眉山由于两山相峙，形状像蛾眉而得名。其三峰耸立，犹如三位巨人，自古至今，3077 米的金顶一直是人们心中通往天堂的阶梯。

峨眉山地处长江上游，自然资源丰富，更蕴含着深厚的巴蜀文化，流

※ 美丽的峨眉山

传千年，是长江上游惟一的自然和文化双遗产之地。在历经了千百万年的沧海桑田、斗转星移中，峨眉山吸取天地精华，造就了约 1000 多种药用植物，3000 多种高等植物，2300 种动物于一体的人间乐园。修行者们修行的理想之地。早在五千年前，华夏之祖轩辕黄帝就曾两次来到峨眉山问道，一千多年前，天真皇人论道峨眉山，这是道教在峨眉山之滥觞。而一千九百年前，一位修行者在峨眉山修建了长江流域的第一座禅院后，峨眉山便成为了长江流域的佛教发源地，列入中国佛教四大名山。现今，道之源、佛之始、儒之境三教深厚文化依然能在峨眉山上找到缩影，峨眉山用自身的壮观体现着生命的哲理和生活的智慧。

◎金顶

千座名山一座顶，金顶将峨眉的美的演绎到极致。作为世界上最壮观的观景台，当清晨的第一缕霞光照耀到佛像宝顶，就会有金色的祥云从金佛上散发开来，犹如置身在云中梵宫，曼妙而神奇的体验。金顶是世界上最高的汉传佛教朝拜中心，更是普贤菩萨示相之地，有在全世界最高的金佛，是世界上最大的金属建筑群。金顶，在人们心中就是人间和天堂衔接融合的地方。

明代朱元璋第二十一子朱模信仰佛教，赏赐黄金 3000 两在峨眉山最高处建一"大峨山金殿"，因金殿的瓦、柱、门、棂等皆铜质渗金，在阳光的照耀之下，散发出迷人的金光，故俗称金顶，金顶所在的山峰也由此而得名。

金顶是世界上最大的佛教朝拜中心。峨眉山是普贤菩萨的道场。金顶在佛语中，有"光明之顶""幸福之顶"的意思，金顶是峨眉山佛教文化的集中体现，同时也是信众心中的圣地，代表着普贤菩萨无边的行愿。它是距离天最近、礼佛最灵的世界上最大的佛教朝拜中心。金顶以高达 48 米的四面十方普贤圣像为中心，由金光耀日的金殿、雄浑庄严的铜殿、银光灼灼的银殿和洁白的朝圣大道组成，整个建筑群面向十方普贤圣像，雄伟庄重、层次井然，呈拱卫之势，暗含"西南方有山名光明，而普贤菩萨与其眷属（门人）三千人，俱常在其中而演说法"之意。

金顶是世界最壮美的观景台。峨眉山金顶观景台，长约 1200 米，总面积 16505 平方米，由金刚嘴、舍身岩、睹光台、佛缘台四大观景平台组成，海拔 3077 米，能容纳数千人的观景台。从观景台上远眺，云雾弥漫，群峰若隐若现、若真若假，观日出、云海、佛光、圣灯，令人心旷神怡，金殿、十方普贤圣像，令人怦然心动；西眺皑皑雪峰，贡嘎山、瓦屋山，

※ 美丽的金顶

山连天际；南望万佛顶，云浪涛涛，气势磅礴；北瞰百里平川，如铺锦绣，大渡河、青衣江尽收眼底。

世界上最高的十方普贤圣像在金顶。峨眉山金顶十方普贤圣像是世界上最高的金佛，"十方"意喻普贤的十大行愿。十方普贤圣像系铜铸镏金工艺佛像造像，通高48米，总重量达660吨，由台座和十方普贤像组成。其中，台座高6米，长宽各27米，四面刻有普贤的十种广大行愿，外部采用花岗石浮雕装饰。十方普贤像高42米，重350吨。整个圣像设计完美，工艺流畅，堪称铜铸巨佛的旷世之作，文化价值和观赏审美价值不可估量。

◎峨眉温泉

古时，过往的香客来峨眉朝山拜佛总会带一些"圣水"回去，而当地的农民朝晚洗涤，更是常常以此洗脸擦身，治病疗伤。

直到上世纪90年代初，有地质勘探队在峨眉山脚下打井勘探时发现了深达3000米的温泉水，人们才逐渐真正认识了氡温泉，并把它开发建设成为峨眉山低山区的重要旅游项目。

"佛之圣汤夜温泉"是峨眉山温泉的最大特色。峨眉山的温泉有两大特色：一是品种稀有，拥有世有所稀的氡温泉；二是规模最大，拥有中国最大的露天氡温泉。水源来自地下 3000 多米的深处，来自两千年前的久远。水量较大、水质较好，开采水温达 60℃，每公升水的氡含量达 51.8～86.9 埃曼（国家标准为＞15 埃曼以），是少见的高品味氡水温泉，被称为"温泉中的贵族"。

目前，峨眉山景区已建成了灵秀温泉、红珠温泉和瑜伽温泉三大氡温泉娱乐区，且各有特色。三大温泉，让你泡得"不亦乐乎"，泡得"左脚摸右脚，感觉不是自己的脚"。

◎佛教圣地

雄伟美丽的峨眉山，千百年来以其独具特色的魅力，吸引着无数信众、香客、文人、学者和僧人前来游山礼佛、说法传经、赋诗作画、述文记游，创造了璀璨的峨眉山文化，闻名海内外。

※ 峨眉山报国寺

报国寺在峨眉山麓，作为峨眉山最大的一座寺庙，同时又是登山的大门，报国寺是游峨眉山的起点。该寺始建于明代万历年间，"报国寺"匾额为康熙亲书。这里是峨眉山佛教协会所在地。报国寺，原名会宗堂，取释、道、儒三教合一之意，清康熙帝敕名"报国寺"，取佛经上"报四恩"，报国为首之意。寺里供奉"三教"在峨眉山的地方代表的牌位：佛教为普贤菩萨，因为峨眉山是普贤道场；道教是广成子，传说他是李老君的化身，他在峨眉山授过道；儒教的代表是楚狂，楚狂名接舆，和孔子同时代，楚王请他去做官，他装疯不去，后来隐居峨眉山。会宗堂的建立反映了明、清时期儒、释、道有过一段融洽的历史。

整个寺庙是非常典型的庭院建筑，占地 60 余亩，一院一景，层层深入，十分壮观。佛教协会的许多大型法会都在这里举行，这里接待过许多党和国家领导人以及外国名人、佛教团体。报国寺是峨眉山的第一座寺庙、峨眉山佛教协会所在地，是峨眉山佛教活动的中心。这里寺周大树参天，花草繁多，伟殿崇宏，金碧生辉，可以听到频频的磬声。寺内正殿有四重，依山而建，一重比一重高，显雄伟自然。寺内藏经楼下，有一座明代的瓷佛像，姿态异常生动，是极珍贵的文物。前殿有一座高 7 米、14 层的紫铜塔，塔身铸有 4700 多个佛像，还刻有《华严经》全文，故名

地球上的名山异洞

"华严塔"，也是贵重文物。报国寺门口新建一亭，挂有明嘉靖年间圣积寺所铸的一口大钟。钟高 2.3 米，重 10 余吨，敲钟时声闻 30 余里，当时又因在晚上敲，故名"圣积晚钟"。

▶知 识 窗

峨眉山名字的源于一个古老的传说：在很久以前，峨眉山只是一块方圆百余里的巨石，有灰白的颜色，与蓝天相接，却是草木无存。为了建设美好的家园，一个聪明能干的石匠和他的妻子巧手绣花女，决心用他们的双手将巨石打凿成一座青山。天上的神仙被他们的决心和努力所感动，就准备帮助他们。于是，在神仙的帮助下，石匠把巨石凿刻成起伏的山峦和幽深的峡谷；绣花女把精心绣制的布帕和彩帕抛向天空，彩帕飘向山顶，变成艳丽无比的七彩光环；布帕飘舞在石山上，变成苍翠的树林、飘的彩云、飞瀑流泉、怒放的山花，变成欢唱的飞鸟、跳跃的群猴和游走的百兽。一座座青山起舞，一道道绿水欢歌。因为这座青像绣花女的眉毛一样秀美，所以人们把这座青山叫峨眉山。

拓展思考

1. 你知道关于峨眉山的诗句吗？
2. 什么最能代表峨眉山？

云南梅里雪山

Yun Nan Mei Li Xue Shan

梅里雪山位于德钦县东北方 10 千米处，有 13 座山峰平均海拔在 6000 米以上，其中最高的是卡瓦格博峰，海拔 6740 米，是云南省的第一高峰。卡瓦格博峰藏语为"雪山之神"，是藏传佛教的朝觐圣地，传说是宁玛派分支伽居巴的保护神，位居藏区的八大神山之首。所以每年的秋末冬初，都会有来自西藏、青海、四川、甘肃的大批香客千里迢迢赶来朝拜，匍匐登山的场面甚为壮观。

※ 梅里雪山

◎卡瓦格博的传说

在松赞干布时期，相传卡瓦格博曾是当地一座十分坏的妖山，密宗祖师莲花生大师历经八大劫难，终于驱除各般苦痛，最终收服了卡瓦格博山神。从此受居士戒，改邪归正，皈依佛门，做了千佛之子格萨尔麾下一员剽悍的神将，也成为了千佛之子岭尕制敌宝珠雄狮大王格萨尔的守护神，成为胜乐宝轮圣山极乐世界的象征，多、康、岭（青海、甘肃、西藏及川滇藏区）众生绕匝朝拜的胜地。

位于八大神山中的卡瓦格博，占据首位，统领着另外七大神山，以及各小神山，他们的使命是维持自然的和谐与宁静。藏族认为，每一座高山的山神都会使自己所管理的那一方水土的安宁与和谐的，而卡瓦格博则统领整个自然界的全部。在卡瓦格博山下，你不能谈论一切细微之处的美丽，因为对任何出自自然的微瑕之美的言语称赞都仅仅赞美了卡瓦格博山神统领的整个自然界的极小的一部分，这是对山神最大的不敬，也是对广博而和谐的自然的不尊重。游客们在卡瓦格博山间旅行时，要记得尊敬藏族同胞的这一禁忌。

在藏文经卷中，梅里雪山的13座将近6000米或以上的高峰，均被奉为"修行于太子宫殿的神仙"，特别是主峰卡瓦格博，被尊奉为"藏传佛教的八大神山之首"。

据记录，卡瓦格博峰迄今无人登顶，这里冰川连绵，冻土成片，是登山运动员极想攀登的地方。20世纪期间英国、美国、日本、中国的登山队曾五次大规模攀登，但均无一次成功。

1991年，中日联合登山队向梅里雪山主峰卡瓦格博峰发起冲击，不幸的是天降大雪，环境十分恶劣。致使登山队被迫放弃原定的登主峰计划。在返回位于海拔5100米的三号营地途中，登山队员不幸全体遇难，其中包括6名中国队员和11名日本队员，这是中国登山史上最惨重的伤亡记录。直到1998年7月，才找到遇难登山队员的尸体。

梅里雪山是太子雪山的主峰，藏族同胞称之为"卡格薄"，是云南省的最高峰。藏语里，"卡格薄峰"意即"白色的雪山"，它是被藏族同胞视为"八大佛山"之一的"神山圣地"。每年会有大量的从西藏，四川，云南，青海等地跋涉千里前来朝拜的信徒。梅里雪山的海拔高度为6740米，位于东经98°6′，北纬28°4′。坐落在怒山山脊的主脊线上。从峰顶到山脚澜沧江边明永河入口处（海拔2038米），高差达4700米。在水平距离14千米的范围内平均每向前1千米就得上升360米，由此就可

※ 前往朝拜的队伍

以感受到山体的陡峭。在山的四周，有 20 多座终年积雪的山峰，其中海拔 6000 米以上的山峰有 6 座。

太子雪山的地势呈现北高南低的状态，河谷向南敞开，气流顺着河谷，由于受季风的影响，造成干湿季节分明，加上山体高且险峻异常，使其又形成截然不同的垂直气候带。4000 米雪线以上的白雪群峰峭拔，云雾弥漫；山谷中冰川延伸数千米，场面十分壮观。较大的冰川有纽恰、斯恰、明永恰。而雪线以下，冰川两侧的山坡上覆盖着茂密的高山灌木和针叶林，郁郁葱葱，与白雪相映出鲜明的色彩。林间分布有肥沃的天然草场，竹鸡、漳子、小熊猫、马鹿和熊等动物在其间活跃，为雪山带来了生机。

在植被区划上，梅里雪山是属于青藏高原高寒植被类型，在有限的区域内，呈现出多个由热带向梅里雪山北寒带过渡的植物分布带谱。海拔 2000 米到 4000 米左右，主要是由各种云杉林构成的森林，森林的旁边，有着延绵的高原草甸。夏季的草甸上，无数叫不出名的野花和满山的杜鹃、格桑花竞相开放，鲜艳异常，就像是色彩斑斓的彩虹，在由森林、草原所构成的巨大绿色地毯上留下美丽的身影。

高山草甸上还盛产虫草、贝母等十分珍贵药材。梅里雪山地形十分的复杂，气候变化变幻莫测，每年夏季，山脚河谷气温极不稳定，是登山的气候禁区。

梅里雪山以其伟岸壮丽的景色、难以征服的险峻而闻名于世，早在 30 年代美国学者就称赞卡格博峰是"世界最美之山"。中日登山队连续三次攀登，均未能达峰顶。卡格博峰下，冰斗、冰川蜿蜒数千米，犹如玉龙伸延，冰雪灿烂夺目，是世界稀有的海洋性现代冰川。

云南最壮观的雪山山群就是梅里雪山，无数的雪岭雪峰绵延数百里，占去德钦县 34.5% 的面积。迪庆藏族人民在梅里雪山脚下留下了世世代代的生存痕迹，同时也富裕梅里雪山深厚的文化底蕴。

梅里雪山共有明永、斯农、纽巴和浓松四条大冰川，属世界稀有的低纬、低温（零下 5 度）、低海拔（2700 米）的现代冰川，明永冰川是其中最长最大的冰川。明永冰川从海拔 6740 米的梅里雪山往下呈弧形一直伸展到 2600 米的原始森林地带，绵延 11.7 千米，平均宽度 500 米，面积为 13 平方千米，年融水量 2.32 亿立方米，是我国纬度最南冰舌下延最低的现代冰川。当受到太阳照射，温度升高，冰川受热融化，导致数量巨大的冰体在一瞬间轰然崩塌下移，雷声震耳欲聋，地震山摇，令人胆战心惊。目前，由于全球变暖和游客过多，造成明永冰川融化速度急速加剧，正在以每年 50 米左右的速度后退。这种状况令当地居民及专家们十分担心明

※ 梅里雪山山脚下的小村落

永冰川的未来。

　　雪山上的高山湖泊、郁郁葱葱的森林、奇花异木和各种野生动物都是雪域特有的自然瑰宝。高山湖泊清澈，明净如镜。在各个雪蜂之间的山涧凹地、林海中星罗棋布，变幻莫测，若有人高呼，就会产生"呼风唤雨"的效应，因而路过的人几乎都敛声静气，不愿触怒神灵，完好丰富的森林是藏民们以佛心护持而未遭破坏的佛境圣地。

▶知识窗

　　梅里雪山不仅有太子十三蜂，还有雪山群所特有的各种雪域奇观。卡瓦格博峰下，冰川、冰碛遍布，其中的明永恰冰川是其中最壮观的冰川。此冰川从海拔5500米的地方下延至海拔2700米的森林地带，长达8千米，宽至500多米，面积73.5平方千米。此冰川号称是世界上少有的低纬度海拔季风海洋性现代冰川。

|拓展思考|

　　1. 你了解梅里雪山的传说吗？

　　2. 梅里雪山有什么特色？

吉林长白山

Ji Lin Chang Bai Shan

长白山位于吉林省延边州安图县和白山市抚松县境内，是中朝两国的界山、中华十大名山之一、国家5A级风景区，被誉为关东第一山。因其主峰上多白色浮石与积雪而得名，素来享有"千年积雪万年松，直上人间第一峰"的美誉。中国境内的白云峰海拔高度2691米，更是东北第一高峰，而长白山最高峰是位于朝鲜境内的将军峰。长白山是中国东北境内海拔最高、喷口最大的火山体。白山还有一个美好的寓意："长相守、到白头"。

※ 长白山

◎名字的由来

早在辽金时期，长白山的名称已经开始采用，在满族神话中，长白山是满族的发祥地。清朝统治者宣称爱新觉罗氏的始祖就是由长白山的仙女孕育的。1677 年，康熙派遣内大臣武默纳、费耀色前往长白山拜谒，又撰有《祭告长白山文》，称颂"仰缅列祖龙兴，实基此地"。这次拜谒活动耗时达两个月，回京复命后，康熙下了一道圣谕道："长白山发祥重地，奇迹甚多，山灵宜加封号，永著祀典。以昭国家茂膺神贶之意。著礼部合同内阁，详议以闻。"后来礼部建议：请求册封长白山为"长白山之神"，还要在山上设帐立碑，每年春秋二祭（望祭、叩祭）。康熙批准了这个建议，从此形成了祭祀长白山的制度。第二年春，武默纳再上长白山，赍敕封长白山之神，祀典与祭祀五岳一样。

◎长白山区域

广义区域：广义的长白山通常是指长白山脉，是辽宁、吉林、黑龙江三省东部山地的总称。北起三江平原南侧，南延至辽东半岛与千山相接壤，包括完达山、老爷岭、张广才岭、吉林哈达岭等平行的断块山地山地海拔多在 800～1500 米，以中段长白山最高，向南、北则是逐渐降低的。

狭义区域：狭义的长白山指吉林省东部与朝鲜交界的山地，为东北山地最高部分。由粗面岩组成，在夏季会裸露出白色的岩石，到了冬季白雪皑皑，终年是壮观的白色，系多次火山喷发而成。为松花江、图们江、鸭绿江的发源地。长白山森林茂密，500～1200 米之间以红松、鱼鳞松、沙松、鹅耳枥、枫等为主；1200 米～1800 米以云杉、冷杉林为主；1800 米以上有岳桦矮林，是中国重要林区。林间有梅花鹿、貂、东北虎等珍贵动物，以及人参等药材。人参、貂皮、鹿茸为东北"三宝"，在全世界也是非常有名。1960 年建立自然保护区，面积 21.5 万公顷。

位于吉林省东部边境的吉林长白山火山地质公园，景观奇特异常，十分罕见。长白山周围分布着 100 多座火山，其大部分的火山口多为溢出口，大多是呈椅形、新月形，山顶平坦如削。

◎火山形成历史

在亿万年以来的地质历史上，长白山地区更是发生了天翻地覆的变化。最初，这里被海水淹没，是一片广阔的海洋，后来由于受到地壳上升推力，致使海水退出，地表重新露出水面，在阳光、雨水和气候变化等外力共同作用下，地面岩石遭受风化和破坏，最后长白山还经历了火山爆发和冰川的雕塑，形成今天的地貌景观。

在第三纪时，地球进入了一个新的活动时期，即地质学上所说的喜马拉雅造山运动。长白山地区的火山喷发活动在大约2500万年的时间里出现过四次，玄武岩浆从上地幔出发，沿着地壳中的巨大裂隙不断地往上涌，最终以巨大的能量喷出地表（地质学上称为裂隙式火山喷发）。它同时会携有强大冲击力的岩浆，将原来的岩石及岩浆中先期凝固的岩块及火山灰、水蒸气等喷向空中，然后在重力和风力的共同作用下降落到火山口周围或一侧，逐渐堆积成各种各样的火山地貌。由于玄武岩浆粘度较小，流动速度在地表较快，流淌的距离较远，因而逐渐形成了广阔的玄武岩台地。长白山区沿北西方向分布的南岗山脉，长虹岭及影壁山等长白山主峰的基底均为此期形成的玄武岩台地。

在距今约60～1500万年（第四纪中－晚更新世）期间，长白山区又经历了一个地壳活动的时期，地质上称为白头山期。在这一时期发生了4次火山爆发，爆发方式以中心式为特点，地下岩浆沿着深断裂的交汇处形成的筒形通道上涌，在地表构成了火山锥体地貌的奇特景观。

◎喷发历史

距今60万年左右的第一次火山喷发的喷出物构成了长白山火山锥体底板；第二次火山喷发在距今40～30万年左右，此次喷发持续时间较长，岩层分布面积广，厚度大；第三次火山喷发在距今20～10万年左右，最终完成了长白山火山锥体形态；第四次喷发大约在距今8万年左右，火山活动以小规模为主，熔岩流覆盖在火山锥体某些部位之上。至此，长白山主峰终于形成了。

在每次火山活动中，喷出的火山物质都使火山增高200米以上。同时，在主火山口的四周，还形成了一些小的寄生火山口。至此以后，长白山开始进入相对稳定时期。

在距今11000～15000年（第四纪全新世期间），火山再次小规模的爆发，喷出了大量的灰白－淡黄色浮岩，局部厚度达60米。受这次火山爆发所产生的影响，使火山锥顶部崩破逐渐塌陷，最终导致形成了漏斗状火山口。随着火山喷发强度及熔岩温度逐渐的逐渐降低，熔浆在火山通道内逐渐冷凝并堵塞火山通道。在火山作用停止后，由于火山口内接受大气降水和地下水的不断补给，逐渐蓄水成湖，形成现在的火山口湖。也就是闻名遐迩的长白山天池。

长白山火山口湖的周围，群峰林立，有16座山峰平均海拔超过2500米，其他山峰高度均在2300米以上。山顶部几乎全由距今12000年前后所喷发的火山灰和淡黄色浮岩所组成。山峰陡峭嵯峨，挺拔伟岸，如莲花、似竹笋，蔚为壮观，与天池碧水融为一体，景色绝佳。

当长白山主体形成后，长白山地区就进入了火山爆发的间歇期，此时的地壳运动相对来说较为稳定。但是，在地质变迁历史的长河中（地球形成距今至少有46亿年，长白山区的地壳演化也进行了约32亿年），长白山的地质演化历史只是其中极小的一部分。长白山火山爆发的历史就更显得微不足道了，但至今还没有死去，仍然处于休眠状态，称为休眠火山。据史料记载，自1597年以来，长白山火山曾有过三次小规模的间歇式活动。

第一次喷发是在1597年8月26日（明万历二十五年）。据目击者记载，当时有"放炮之声，往上看去，天空弥漫着烟雾，有大的石块随着烟气滚落下来，飞过大山后不知道去哪了"。

第二次喷发是在1668年（清康熙七年），长白山区下了一场"雨灰"（即火山灰）。

第三次喷发是在1702年4月14日（清康熙四十一年）。据史料记载："午时，天地忽然晦暝，时或赤黄，有同烟焰，腥臭满室，若在烘炉中，人不堪重热。四更后消止，而至朝视之，则遍野雨灰，恰似焚蛤壳者"，"同月同日，稍晚后，烟雾云气，忽自西北，地昏暗，腥臭袭人之衣裙"。又据《长白山江冈志略》记载，长白山附近有"炭崖"，"崖底出木炭甚多，猎者每拾以为炊，土人因其出于地中，故以神炭呼之，…过此拾有数块，燃之以烤鹿脯，与寻常木炭无异。但以两丈深之土崖，能产木炭，大者拱把（两手合围一作者注），小者一握。"经调查考证这些木炭是由于这次火山喷发时高温的熔浆将树木烘烤、燃烧炭化的结果。

目前，长白山火山处于休眠期。在海拔两千多米的山上，有多处温泉不断从地表溢出，由此看来，在底下仍有一股巨大的能量。据近代地震观测，长白山区地壳相对稳定。目前，长白山没有火山喷发的征兆。

◎旅游景点

长白山天池：镶嵌在长白山主峰火山锥体顶部的火山湖天池，是世界上最大、最深、海拔最高的火山湖。它是长白山火山喷发后，经过漫长地壳运动而成的湖，是松花、图们、鸭绿三江之源。因其所处的位置高，水面海拔达

※ 长白山火山天池

※ 长白松

2150 米，所以被称为"天池"。天池略呈椭圆形，湖面海拔 2194 米，南北长 4.85 千米，东西宽 3.37 千米，平均水深 204 米，最深处 373 米，总蓄水量 20.4 亿立方米，湖水的主要来源是大气降水。周围环绕 2500 米以上的山峰 16 座，长白山天池如一块璀璨的琥珀，镶嵌在秀丽挺拔的长白山群峰之中，大放光彩。

长白松因形若美女而得名——美人松。美人松袅袅婷婷，风姿卓越，是长白山独有的美丽景致。

▶ 知识窗

·火山的分类·

火山分为三类：活火山、死火山和休眠火山。人类有史以来，时有喷发的火山，称为"活火山"；有些火山在人类有史以前就喷发过，但现在已不再活动，这样的火山称之为"死火山"；休眠火山是指有史以来曾经喷发过，但长期以来处于相对静止状态的火山。此类火山都保存有完好的火山形态，仍具有火山活动能力，或尚不能断定其已丧失火山活动能力。

拓展思考

1. 简要叙述长白山的地质地貌。
2. 火山长白山国家地质公园有哪些旅游价值？

河南嵩山

He Nan Song Shan

※ 嵩山

嵩山在五岳之中被称为中岳，坐落于河南省中部，东望省会郑州，西临九朝古都洛阳，南横颍水，北依黄河，山脉自西向东绵延近百千米，峰岳林立，气势恢弘。

嵩山的清晰的地质遗迹历来为中、外地质学家所瞩目。在嵩山国家地质公园中不足20平方千米的范围内，却清晰地保存着发生在距今25亿年、18亿年、5.43亿年等3次全球性造山运动所形成的地质遗迹。这3次"翻天覆地"的构造运动，分别为"嵩阳运动""中岳运动"和"少林运动"。根据嵩山国家地质公园内"五代同堂"的地层层序和构造运动遗迹的基本特征，便可以追溯出嵩山形成的过程和发展、演化的壮观景象。

◎公园规模

面积为464平方千米的嵩山国家地质公园是"纳三山之灵气，汇五岳之精粹"，是珍稀地质遗迹、国家风景名胜区和森林公园三位一体的世界级自然、文化资源，铸就了地学科普、名胜众多、文物古迹、地质奇特、生态环境等多层次的综合性旅游环境，是国土资源部于2001年3月首批确定的11个国家地质公园之一，嵩山见证了地球几十年的沧海巨变，因此有"地学百科全书"的美誉。

◎特色景点

登上峻极峰顶，便可见到令人惊叹的壁立千仞的壮丽景观。从峰顶向

※ 中岳嵩山

北俯瞰，北侧紧依着岩层递次北倾的中低山。在更远的地方，可见一座座岩层错落的山头层层叠叠地立于天际。构成下部斜坡的是嵩山山系最古老的太古代花岗绿岩系，它是地球早期阶段由海底基性岩浆喷发和酸性岩浆侵入而形成的火山岩和侵入岩，后来由于经地壳运动的应力作用和温、压效应的影响，最终使其褶皱造山、地质形态改变、露出海面，成为地质学家所称的"片麻岩"，地质学家把不同类型的片麻岩总称为"登封群"。

构成嵩山上部陡峭主峰的岩层，是距今 25～18 亿年古元古代滨海、浅海沉积物变质而成的石英岩、片岩和白云岩类岩石，地质学家总称为嵩山群。紧依嵩山北侧分布的岩层，是距今 18～10 亿年中元古代滨海、浅海沉积的砾岩、石英岩状砂岩、泥岩、页岩、白云岩等，地质学家把它叫做"马鞍山群"和"五佛山群"。其上被距今 10～5.43 亿年的新元古代华北古陆南缘高原冰川沉积——罗圈冰碛层覆盖。嵩山北侧稍远一些的低缓山丘是由距今 5.43～2.5 亿年的古生代海相沉积地层及距今 2.5～0.65 亿年的中生代陆相湖盆沉积地层构成。在群山林立的凹地和沟壑中，沉积了 0.65 亿年至今的新生代地层。

在嵩山国家地质公园内的地质遗迹景观，有 7 种属岩石圈资源类型，水圈资源类型的有 3 种。由于这 10 种地质遗迹景观，嵩山更是令人着迷，希望去嵩山一赏它的风采。

◎少林功夫和三教汇集共铸中岳辉煌

嵩山的"中岳"之称始于殷商，定于汉初。以其历史悠久，文化灿烂，名胜古迹繁多居五岳之冠。以其"文化历史古、资源数量多、景点分布密、风景类型全"而受到各国友人的瞩目。1982 年被国务院审定为第一国家重点风景名胜区。

在嵩山的峰林之间，是闻名于世的少林寺，道教圣地中岳庙，宋代四大书院之一的嵩阳书院鼎足而立，汇集争誉，使嵩山成为少有的佛、道、儒三教汇聚之地。

"中国功夫惊天下，天下功夫出少林"。少林武僧独创的少林拳法，自古至今名扬海内外。《少林寺》影片放映后，国内外更是掀起了一股少林武术热，现登封市周围有武校近百座，学员数万人，学武之风大涨。广为流传的诗句"赫赫少林拳，创始在中原。盛誉遍世界，神威扬河山。"见证了少林武学在"江湖上"不可替代的地位。

在嵩山，"文物之乡"和"建筑艺术宫"汇聚中华精粹，览尽中华民族 8000 年历史进程。裴李岗文化、仰韶文化、龙山文化、三皇五帝、夏都阳城在此都有遗址。时有帝王将相、墨客骚人慕名而来，祭祀封禅、立碑勒石、绘书留丹。寺、庙、宫、观林立，祠、庵、塔、堂、院、宅、台、坛、阙、馆众多。嵩山国家级"重点文物保护单位"有 13 处；省级 13 处；市、县级 123 处，这些使嵩山成为闻名的"文物之乡"，气势恢弘、层出不穷的古建筑，则使之成为名副其实的"建筑艺术宫"。

◎地质历史

地球发展的早期阶段，表面被水包裹着。大约从 36 亿年前开始，受来自地幔的基性熔浆喷发和酸性岩浆侵入的作用，致使嵩山地区的海底发生了变化。因其影响共同堆积了以基性火山岩和酸性侵入岩为主的被称作登封群的花岗绿岩系。

嵩山地区剧烈的地壳运动发生在距今大约 25 亿年前后，地质学家称它为"嵩阳运动"。嵩阳运动使海底沉积的花岗绿岩系受到近南北向的应力作用、温压效应而发生褶皱隆起，慢慢露出海面，形成山脉，这是嵩山首次露出海面。后来由于受到长期风化剥蚀的作用，嵩山逐渐被夷平了，加上地壳的不断下降，夷平的嵩山逐渐被淹没在海水之下，形成滨海和浅海环境，又接受了被称做嵩山群的碎屑物质、泥质及钙、镁等物质的沉积。

距今 18 亿年前后，嵩山地区发生了重大的被称为"中岳运动"的全球性地壳运动，由于受到来自东西方向的应力作用和温、压效应使海底的碎屑岩——碳酸盐岩地层慢慢隆起成山，使嵩山再次露出海面，嵩山第二次屹立于中原大地。

"中岳运动"后，嵩山再次又被慢慢地风化、剥蚀、夷平、下降、最终逐渐被海水吞噬，再次形成滨海、浅海、山间盆地和罗圈冰碛层的地层层序。到了距今 5.43 亿年前后，嵩山地区又发生了被称为"少林运动"的地壳运动，致使使嵩山一带大范围地升出海面，形成嵩山山系，终于结束了漫长的演化进程。

在发生的广泛海浸中，始终未淹没嵩山山系的主要山峰，嵩山自此一展风姿。在历尽沧海桑田的地质运动后，形成了现在的面貌。

◎ "五代同堂"的地质博物馆

嵩山地质公园被地学界誉为"天然地质博物馆"。在公园内，连续而完整地出露着太古宙、元古宙、古生代、中生代、新生代五个地质历史时期的沉积和构造整个事件的序列产物，被地学界称为"五代同堂"。

太古宙代：距今 36～25 亿年间，由海底基性岩浆喷发作用和酸性岩浆侵入作用共同构成的太古宙（代）花岗绿岩建造，最终铸造了嵩山的结晶基底。

元古宙代：距今 25～5.43 亿年间，由滨海——浅海环境多旋回沉积和受华北板块控制的陆缘高地冰川沉积共同构成的元古宙（代）三次盖层沉积层序。

古生代：距今 5.43～2.5 亿年间，在海相——陆相环境中沉积的古生代碎屑岩——碳酸盐岩——碎屑岩多旋回地层层序，其中广泛赋存着煤、铁、铝、建材等沉积矿产。

古生代是生物大爆发的时代，地层中依然保存着丰富的动、植物化石，这些古生物化石，是地层年代和沉积环境的直接见证。

中生代：距今 2.5～0.65 亿年间，在陆相盆地——河流环境沉积了中生代红色泥岩——碎屑岩地层，其中含有丰富的陆生动、植物化石。

新生代：距今 0.65 亿年至现代的新生代湖沼、河流、盆地、平原等环境沉积的碎屑——黄土层，其中含丰富的古生物化石及古人类、古文化遗址。

▶知识窗

·登封的嵩山你了解多少？·

　　登封嵩山是中国著名的五岳之一——中岳，位于河南省登封市西北部，东临七代京都开封，西与九朝古都洛阳毗邻，北依黄河、南近颖水。由太室山和少室山两大山体群组成，群山耸立，层峦叠嶂，景色秀丽迷人；有峻极、太阳、少阳、明月、玉柱等72峰，峰峰相连，峰峰壮观。登封嵩山是世界地质公园、国家森林公园、全国文明旅游风景区示范点、世界文化与自然遗产（国家预备名录）。

| 拓展思考 |

1. 嵩山少林寺始建于哪一年？
2. 嵩山少林寺有哪些旅游景点？
3. 试叙述嵩山的 10 种地质遗迹景观。

湖南衡山

Hu Nan Heng Shan

衡山是我国五岳之一，被称为南岳。位于湖南省衡阳市南岳区，海拔1300.2米。由于气候条件较其他四岳为好，处处是郁郁葱葱；奇花异草，四时飘香，美景如画，因而又有"南岳独秀"的美称。清人魏源《衡岳吟》中说："恒山如行，岱山如坐，华山如立，嵩山如卧，惟有南岳独如飞。"这是对衡山的由衷的赞美。

※ 衡山

◎南岳衡山景观

衡山又名南岳、寿岳、南山，七十二群峰，峰岳连绵，气势恢弘。

衡山主峰坐落在湖南省第二大城市——衡阳市。衡山素以"五岳独秀""宗教圣地""文明奥区""中华寿岳"著称于世。中华祝颂词"福如东海，寿比南山"的"南山"即衡山，现为国家级重点风景名胜区、国家级自然保护区、全国文明风景旅游区示范点和国家5A级旅游景区。

衡山作为南中国的宗教文化中心，中国南禅、北禅、天台宗、曹洞宗和禅宗南岳、青原两系之发源地；是南方最为著名的道教圣地，有道教三十六洞天之第三洞天——朱陵洞天，道教七十二福地之青玉坛福地、光天坛福地、洞灵源福地。

衡山素来有许多神秘的神话传说，更是为国内外的游客所着迷，衡山本身就是一部内容丰富多彩的文化之书，宛如一座辽阔的人文与山水文化和谐统一、水乳交融的巨型公园。

由于衡山之处气候适宜，植物满山遍野。半山亭的400岁古松，俨然一副年轻的模样。上封寺后的原始森林，许多树都是老态龙钟，弯腰曲背，遍身青苔，望不见纹路。乍一看去，它们拳曲不张，冠盖不整，虬枝错综，依偎着参天而上，恍如严寒中一群衣衫破败的老人，相拥取暖，令人内心生出既怜悯又赞叹的情怀。但即便在这高山风口上，它们仍旧千百年如一日，在"风刀霜剑严相逼"之中，彼此抱得铁紧，你搀我扶，有的甚至同根所生，枝同连理，不仅独秀，而且情深。

※ 绿意盎然的衡山

　　衡山本身所自有的内涵才是其精华所在。人们把南岳的胜景概括为"南岳八绝"，即"祝融峰之高，藏经殿之秀，方广寺之深，麻姑仙境之幽，水帘洞之奇，大禹碑之古，南岳庙之雄，会仙桥之险"。正因为"南岳八绝"的出类拔萃，使它"五岳独秀"的美称当之无愧。

◎宗教圣地

　　作为佛教圣地的南岳，环山数百里，有寺、庙、庵、观等 200 多处。位于南岳古镇的南岳大庙，是中国南方和五岳中最大的古建筑群，有"江南第一庙"、"南国故宫"之称，始建于唐，后经唐、宋、元、明、清六次大火和十六次修缮扩建，于光绪八年（1882 年）形成现在 98,500 平方米的规模，依次九进。大庙坐北朝南，四周围以红墙，有着高耸的角楼。林涧山泉，顺墙流出。庙内，东侧有 8 个道观，西侧有 8 个佛寺，以示南岳佛道平等并存。南岳大庙是一件意识与艺术价值并存的珍品，其规模恢弘，气势磅礴。建筑精美，结构完整，布局周密，实属罕见。

　　在南岳古镇，还有一座佛教古寺——祝圣寺。它位于镇的东街，与山上的南台寺、福严寺、上封寺和城外的清凉寺等，合称为南岳六大佛教丛林。相传大禹治水时曾经来到这里，并在这里建立清冷宫祭礼舜帝。清康熙年间作为皇帝的行宫进行大规模改建，并更名祝圣寺。现在寺的四周古松苍劲，寺内弥漫着香烟，不时传来木鱼钟磬之声，佛图佛像满目，有兴趣者，还可入内与法师交谈，还可以品尝一下南岳著名的素餐斋席。其他如广浏寺、湘南寺、丹霞寺、铁佛寺、方广寺及传法院、黄庭观等，都是明代以前的古镡，虽然规模不尽相同，但是各有特色。

除了佛教之外，南岳衡山还是著名的道教名山，汉武帝以南岳名安徽天柱山，隋文帝复以衡山为南岳。道教称其为第三小洞天，名其岳神为司天王。山有七十二峰，以祝融、紫盖、芙蓉、石廪、天柱五峰为最有名，祝融又为之冠。上清宫是晋道士徐灵期修行处。降真观，旧名白云庵，是唐司马承祯修道处。九真观西有白云先生（司马承祯）药岩。五代道士聂师道也在此修道。

南岳是中国五岳之中的寿山，为祈福、求寿之圣地，福寿文化源远流长。人类人文始祖、南岳主神祝融氏生息于南岳衡山，是主管人间福、禄、寿之神。关于南岳为寿岳的历史记载颇丰，《春秋元命苞》《开元占经》《春秋感精符》《费直周易》《唐书天文志》等许多古代典籍，都有南岳称为寿岳的记载。《辞源》即释"寿岳"为南岳。自汉代起，南岳即有"寿岳"之称。

◎名人南岳

古代帝王与南岳始于祭祀。早在轩辕黄帝时代，南岳衡山就已被列为华夏四岳之一（当时尚无"五岳"之称）受到人们的尊崇。此后，虞舜都到过南岳巡疆狩猎，祭祀山神。夏禹治洪水经过衡山，也曾杀白马祭告天地，希望获得求水的方法。到了商、周时期，自然神逐渐被人格化了，祭祀也被列入国家严格的政治制度。就在当时曾在榆罔手下任火官、黄帝手下任司徒而治理南方的赤帝祝融氏，即被尊奉为南岳衡山之神。

※ 祝融峰

◎祝融峰

传说祝融曾在此峰游息。祝融是神话传说中的火神，自燧人氏发明取火以后，即由祝融保存火种。峰上有明代所见的祝融殿。祝融峰的西边有望月台，当夜晚没有乌云时在此赏月，会有特别的赏月体验。

▶知 识 窗

赞美衡山的诗句：宋・朱熹《登山有作》

晚风云散碧千寻，落日冲飚霜气深。

霁色登临寒月夜，行藏只此验天心。

明・王夫之《念奴娇・南岳怀古》

井络西来，历坤维，万迭丹邱战垒。万析千回留不住，夭矫龙骧凤起。云海无涯，岚光孤峙，绾住潇湘水。何人能问，问天块磊何似？南望虞帝峰前，绿云寄恨，只为多情死！雁字不酬湘竹湘，何况衡阳声止。山鬼迷离，东皇缥渺，烟锁藤花紫。云傲无据，翠屏万片空倚。

| 拓展思考 |

1. 你知道其他赞美衡山的诗句吗？

2. 你了解衡山上的植物吗？

福建武夷山

Fu Jian Wu Yi Shan

武夷山地处中国福建，其西部是全球生物多样性保护的重要地区，分布着世界同纬度带现存最完整、最典型、面积最大的中亚热带原生性森林生态系统；东部是山与水并存的完美天堂。人文与自然完美结合，以秀水、奇峰、幽谷、险壑等诸多美景、悠久的历史文化和众多的文物古迹在全世界闻

※ 武夷山

名；中部更是连接东西部并涵养九曲溪水源，是保持良好生态环境的重要区域。

◎地区气候

武夷山地处中亚热带，气候适宜，境内群山连绵，因其海拔达 1800 米以上的山峰多达三十余座，形成自然的屏障，冬季可以阻挡或削弱北方冷空气的入侵，因此降水量比较多，湿度大，雾日时间交长等特点。武夷山有很显著的垂直变化，四季气温温差不大、温和湿润，年均温 17.6℃，平均降水量 1864 毫米。一般说来，游武夷春夏秋季都宜，但冬季山色萧条，武夷山的自然风光会失色不少，而夏季虽然气温偏高，却是充满着生机勃勃的景象，是武夷山的自然风光最有特色的时候。

◎地理交通

风景区位于福建北部的南平武夷山市，东连浦城县，南接建阳市，西临光泽县，北与江西省铅山县毗邻。境内东、西、北部群山环抱，峰峦叠嶂，中南部较平坦，为山地丘陵区。市区海拔 210 米，有着层次分明的地貌分布，呈梯状分布。地势由西北向东南倾斜，最高处江西黄岗山海拔

地球上的名山异洞

2158 米（江西境内），在我国大陆素有"华东屋脊"之誉，最低处兴田镇，海拔 165 米（河床标高海拔 160 米）。

◎风景名胜

武夷山风景名胜区主要景区方圆 70 平方千米，平均海拔 350 米，属典型的丹霞地貌，素有"碧水丹山""奇秀甲东南"之称，是首批国家级重点风景名胜区之一，于 1999 年 12 月被联合国教科文组织列入《世界遗产名录》，荣膺"世界自然与文化双重遗产"，是全人类共同拥有的财富。武夷山是全国 200 多处丹霞地貌中发育最为典型者。由于远古时期地壳运动，又受到重力崩塌、雨水侵蚀、风化剥落的综合作用，致使山体发生很奇特变化：峰岩逐渐上升，沟谷也开始下陷；山色因地热氧化而显红褐，山形因挤压逐渐向东倾斜。由于受地壳运动的影响，这里的奇峰怪石姿态各异，有的直入云霄，有的绵延数里，有的如屏垂挂，有的傲立雄踞，有的亭亭玉立。武夷山以其独特的风格，吸引着世人的目光。

◎武夷山民俗：喊山与开山

喊山与开山原是武夷山御茶园内举行的一种很古老和传统的仪式，于每年的惊蛰日由知县主持祭祀活动，在所有规定的程序中，茶农齐声高喊"茶发芽，茶发芽"，以此希望神灵可以保佑武夷岩茶丰收、甘醇，是为"喊山"。"开山"一般定于立夏前三日之内，茶农们赶早在制茶祖师杨太白塑像前静默行祭。早餐后由专人带至休茶地，分散采茶，待太阳升起、露水初收之后，带山人向采茶工们分民烟卷，是可以开始对话的意思，开山仪式才正式结束。喊山与开山是武夷山茶农特有的习俗。

◎自然遗产

武夷山保存了世界同纬度带最完整、最典型、面积最大的中亚热带原生性森林生态系统，有发育明显的植被垂直带谱：随海拔的逐渐递增，依次分布着常绿阔叶林带（350 米～1400 米，山地红壤）、针叶阔叶过渡带（500 米～1700 米，山地黄红壤）、温性针叶林带（1100 米～1970 米，山地黄壤）、中山草甸（1700 米～2158 米山地黄红壤）、中山苔藓矮曲林带（1700 米～1970 米，山地黄壤）、中山草甸（1700 米～2158 米，山地草甸土）五个植被带，分布着南方铁杉、小叶黄杨、武夷玉山竹等珍稀植物群落，几乎囊括了中国亚热带所有的亚热带，种类十分丰富。

武夷山属中亚热带季风气候区，区内峰峦连绵，由于高低有很大的落差，绝对高差达 1700 米，良好的生态环境和特殊的地理位置，使其成为地理演变过程中许多动植物的"天然避难所"，有着极其丰富的物种资源。

　　武夷山丰富的种质资源受到中外科学家和研究机构的关注，十九世纪，英、法、美、奥地利等国学者就已经开始进入武夷山采集标本。武夷山现已发现或采集的野生动植树物模式标本近 1000 种，其中，植物模式产地 57 种，野生动物新种中的昆虫模式标本 779 种，脊椎动物模式标本产地种 56 种。在伦敦、纽约、柏林、夏威夷等地的著名博物馆内保存着大量的标本。

▶ 知 识 窗

　　有传说描述朱熹在武夷精舍讲学、著书立说。一天夜里，在天游峰下的小亭子里一人对月饮酒。有一个妙龄女子丽娘出现了，于是对饮相伴。日久天长，两人过起了恩爱生活。其实，丽娘是狐狸修炼千年才得以化身的。只是她怕失去朱熹，一直不敢提及自己的身世。后来有一对乌龟精，嫉妒丽娘的法力。于是就乘丽娘外出时候，对朱熹说，你妻子是狐狸精，不相信的话，你晚上看她的鼻子，会有意想不到的收获。朱熹虽然不愿意相信，但心里却是记下了。夜里假寐，后来果然看见丽娘的鼻前挂着一双晶莹剔透的玉箸。

　　在外看热闹的老乌龟夫妇窃笑，朱熹闻声而至，乌龟急忙逃走。朱熹愤然拿起桌上的毛笔点过去。于是就有了在九曲溪畔的"上下水龟"丽娘也跑了，朱熹非常后悔，在后面一直追着，可是已经无法挽回了。在那座小庙里，看见丽娘安详地躺在百花丛中，再也不会回来了。

| 拓展思考 |

1. 你还知道哪些武夷民俗？
2. 你知道关于武夷山的其他传说吗？

美国拉什莫尔山

Mei Guo La Shen Mo Er Shan

位于美国南达科他州的黑山地区的拉什莫尔山，山高 1800 多米，花岗岩的一面山体上雕有四位美国总统的头像，他们是华盛顿（1732～1799 年）、杰弗逊（1743～1826 年）、林肯（1809～1865 年）和西奥多·罗斯福（1858～1919 年）。这个高 18 米的作品是雕塑家古松·博格勒姆 1927 年开始，1941 年完成，1942 年开始对外开放。石像的面孔高 18 米，鼻子有 6 米长。4 个巨像如同从山中长出来似的，山和像仿佛是一体，巨像与周围的湖光山色融为一体，吸引着来自世界各地的观光者。

山上的雕像仿佛在凝视着远处布莱克山区的乡村。

◎名称由来

1885 年，美国纽约的著名律师查尔斯·E·拉什莫尔，将其在南达科他州布拉克山所拥有的矿山附近的一座花岗岩山以其姓氏命名为"拉什莫尔山"。数十年后，拉什莫尔山国家纪念公园的建造计划终于正式启动后，拉什莫尔还曾捐助了 5，000 美元。在拉什莫尔山上建造雕塑的目的最初是为了吸引更多的人们前来布拉克山地区旅游，然而这个建造计划却引发了美国国会和时任总统卡尔文·柯立芝之间长期的争论。最终，建造计划获得了国会的批准。直到今天，拉什莫尔山不仅成为了一个世界级的旅游胜地，它更是美国文化中美国总统的象征。同时，受当代流行文化的影响，拉什莫尔山开始衍生出了许多其他含义。

◎雕像的历史

说拉什莫尔山的巨像是 20 世纪人类雕刻艺术的杰作一点也不为过的，它由美国著名的艺术家夏兹昂·波格隆创作。1927 年，柯立芝总统宣布将拉什莫尔山辟为国家纪念场，雕刻工程也同时开始。在波格隆已年过六旬的状况下，他依然把自己的全部心血和精力都倾注在这项空前的艺术巨制上。受资金和天气等原因影响，整个工程时断时开。1941 年，当工程临近完成的时候，波格隆这位艺术大师却不幸离开人世了，他的儿子林肯继承父业，终于在 1941 年底完成了这项令全世界瞩目的工程。

地球上的名山异洞

※ 拉什莫尔山

拉什莫尔山上的 4 个巨人雕像，生动地刻画出了 4 位总统的形像特征与神态。华盛顿肖像是 4 个巨人肖像中惟一的胸像，杰弗逊雕像、罗斯福雕像、林肯雕像都只雕出了头部形象。

这组巨型雕像不仅将每个人的性格特征都凸现出来，同时又巧妙地组合在一个统一的构图之中。假如按照年代排列的话，林肯应排在罗

※ 拉什莫尔山国家公园

斯福之前，但是出于艺术上的考虑，把罗斯福放在林肯的左边使它与两旁的雕像就会形成更为鲜明的对比。4 座雕像的面部向不同的方向，但是他们都看着远方，又因其排列在相同的高度，左边 3 座雕像颈项以下的横线都是连贯的，隐去了 3 人的胸肩，使彼此融为一体，巧妙地统一起来，加强了雕像间形与神的联系。由于在石像雕刻过程中，采用了现代的爆破技

术，在爆炸时经过精心测算，爆炸后的岩石距离成品要求只有 2.5 厘米，可见其定向爆破技术的精湛，有人称这 4 座雕像是由炸药炸出来的。拉什莫尔山的石像是科学与雕刻艺术相结合的人类杰作。

◎地质概况

石砾山由建造雕像时掉落的石块碎片堆积而成。纪念雕塑位于布拉克山区的哈尼峰（HarneyPeak）岩基的西北面岩壁上，因此在拉什莫尔山的雕刻上，布拉克山区的地质构造一目了然。

大约在 16 亿年以前的前寒武纪时期，岩基的岩浆侵入了正在形成中的云母和页岩层。然而，因为受岩浆和云母、页岩层的不均匀冷却的作用形成了纹理细密且带有粗糙颗粒的矿石岩层，其中包括石英、长石、白云母和黑云母等。而岩层之间的缝隙则填满了结晶花岗岩。总统雕像前额上的浅色纹路就是这些结晶花岗岩带的杰作。

在前寒武纪末期，布拉克山区的花岗岩因为地表裸露而受到了严重的侵蚀。然而到了寒武纪时期，因为被大量的砂岩和其他沉积物所掩埋，导致该地区在整个古生代都沉睡于地下，但到了大约 7000 万年前，因为受到地质抬升的作用而再次裸露并受到侵蚀。布拉莱克山地区在抬升过程中形成了一个海拔达 20,000 英尺（约合 6 千米）的穹顶形地貌，但是随后经过长时间的自然侵蚀使其只剩下了 4,000 英尺（1.2 千米）的海拔高度。自然侵蚀去除了覆盖在花岗岩层上的沉积物和其他质地相对较软的岩层，使之相对有利于雕塑的建造。至今，在华盛顿总统头像雕塑的下面，还可以看到花岗岩层和颜色更深的片岩之间的分界线。

◎景区资源

拉什莫尔山动植物的分布和构成情况与其所在的南达科他州布拉克山地区类似，纪念公园的动植物种类繁多，且有很多珍贵品种。诸如红头秃鹫、鹰和草地鹨等大型鸟类经常在拉什莫尔山上空盘旋，山体的岩壁上随处可见它们的巢穴。而一些体形相对较小的鸟类，比如鸣禽类、五子雀、啄木鸟等，大都生活在山脚四周的松树林里。此外，公园里还繁衍生息着老鼠、花鼠、松鼠、臭鼬、豪猪、浣熊、海狸、郊狼、大角山羊和野猫等哺乳动物，它们中有不少是美国原产的动物，若干种青蛙和蛇也在这里繁衍生息。公园中还有两条分别叫"灰熊溪"和"椋鸟洼地溪"的小溪，它们为长鼻鲅鱼和溪鳟鱼提供了良好的栖身之地。并非所有生活在当地的动物都是土生土长的。当地的山羊就是从卡斯特州立公园中逃出来的羊群繁衍而来，而后者则是由加拿大作为一件礼物赠送给卡斯特公园的。

在海拔较低处，适宜北美黄松的生长，北美黄松构成的针树林更是覆盖了公园的绝大部分地区，到处是一片苍翠的景色，还有其他诸如刺果栎、云杉和白杨等树木在期间夹杂着。拉什莫尔山附近一共生长着9种灌木，同时还有种类繁多的野花，特别是金鱼草、向日葵和紫罗兰等。受气候影响，在海拔较高的地方，植被则相对稀疏。但在拉什莫尔山所在的布拉克山区，仅有接近5%左右的植物是当地所特有。

▶知识窗

　　由于拉什莫尔山是一个极具历史意义的地理标志，在许多动作片和小说的故事中，它常常会被作为某一方势力基地的所在。在恶搞人偶片《美国之队：世界警察》中，拉什莫尔山就被美国之队辟为他们的基地。不过，最后它却被迈克尔·摩尔的自杀炸弹炸毁了。在 Wildstorm 漫画中，来自外星的超级英雄 Mr. Majestic 也把它的秘密基地设在拉什莫尔山内。而在系列漫画 DCUniverse 里，AllPurposeEnforcementSquad 也在拉什莫尔山设立了一个秘密基地。

▌拓展思考

1. 你了解华盛顿、杰弗逊、罗斯福、林肯这四位总统吗？
2. 该如何保护拉什莫尔山的动植物？

地球上的名山异洞

非洲阿特拉斯山脉

Fei Zhou A Te La Si Shan Mai

阿特拉斯山（Atlas Mountains）是非洲西北部山脉，是非洲最广大的褶皱断裂山地区，也是阿尔卑斯山系的一部分。纵横摩洛哥、阿尔及利亚、突尼斯三国（包括直布罗陀半岛），在地中海西南岸与撒哈拉沙漠之间。阿特拉斯山西南起于摩洛哥的大西洋海岸，东北经阿尔及利亚到突尼斯的舍里克半岛，呈东北东—西南西走向，长1800千米，南北最宽约450千米。最高峰为图卜卡勒峰（Jbeloubkal，海拔4167米），位于摩洛哥西南部。

阿特拉斯山的名字源于于古希腊神话中的大力士神阿特拉斯。

从摩洛哥的东北部塔札到西南部的阿加迪尔，有一绵延起伏的山脉，它犹如一道绿色的天然屏障，把色如琥珀的撒嗒拉沙漠，同大西洋沿岸平原分开成两个独立的个体，这一绿色的天然屏障就是非洲的著名山脉——阿特拉斯山脉。

※ 阿特拉斯山

阿特拉斯山脉由中阿特拉斯山、高阿特拉斯山和安基阿特拉斯山三部分组成。

高阿特拉斯山是其主脉，蜿蜒700多千米，山势险峻、狭长，主峰为图卜加勒山，海拔4165米，在非洲北部是最高峰。高阿特拉斯山脉的西部为侏罗纪石灰岩，地形起伏和缓，东部为辽阔的侏罗纪褶皱。东北部的中阿特拉斯山脉是规则的褶皱山脉，它像一条纽带把高阿拉特斯山脉和最北部的里夫山脉紧密的连结起来。西南部的安基阿特拉斯山脉海拔2500米以上，是撒哈拉沙漠逐渐抬升的边缘。

◎地质特点

在远古时代，由于欧洲、非洲和北美洲紧紧相连，阿特拉斯山脉在地质上是阿伯拉契造山运动的一部分。山脉是受非洲和北美洲相撞时产生的撞击力形成，在当时，阿特拉斯山脉比今日的喜马拉雅山脉要高出许多。今日，这山脉的痕迹仍然可以在美国东部的陡降线上或者在阿巴拉契亚山脉清楚的看到。西班牙南部的内华达山脉同样是在这次运动中形成。

◎构成

阿特拉斯山脉体系形如拉长的椭圆形，在山脉与山脉之间有一个广阔的平原和高原综合体。它包括不同的北部山脉泰勒阿特拉斯和南部山脉撒哈拉阿特拉斯。山脉在摩洛哥东部和阿尔及利亚北部形成广阔高原的边缘。往东，在突尼西亚，它们在泰贝萨山和迈杰尔达山之处相互连接；往西，在摩洛哥，

※ 壮观的阿特拉斯山

它们并入中阿特拉斯和大阿特拉斯山的又高又崎岖不平的高峰中。小阿特拉斯山脉从大阿特拉斯山向西南方向延伸直至大西洋。从地质上说，泰勒阿特拉斯山脉是与欧洲阿尔卑斯山体系相关联的年轻而褶皱的山脉。但南撒哈拉阿特拉斯不是相同的结构群，而是非洲大陆的广阔、古老的高原群。

◎地貌

阿特拉斯山脉系为阿尔卑斯褶皱山系的一部分，地处西北非的突尼斯、阿尔及利亚、摩洛哥三国境内。山脉与海岸线大致平行，自西南向东北延伸，长约 2,400 千米，最宽 450 千米。西段错综复杂，险峻异常。由里夫山、中阿特拉斯山、大阿特拉斯山（主脉）和外阿特拉斯山 4 条山脉组成，海拔多在 2,500 米以上。向东山势呈逐渐减低的趋势，主要分泰勒阿特拉斯山和撒哈拉阿特拉斯山南北两支，海拔平均约 1,500 米，中间为海拔 1,000 米左右的高原。山区富磷灰石、铁等矿藏。因北坡属地中海式气候，所以特产栓皮栎，多森林和果园，其余部分属半荒漠气候。由于山间高原多盐湖，阿尔法草生长良好。

◎气候特征

阿特拉斯山脉是两种不同气团的会合点——来自北部的湿冷极地气团和从南部来的干热带气团。

与撒哈拉阿特拉斯相比，泰勒阿特拉斯的雨水较充足，东北部则比西南部雨水更多；最多的降雨量当数泰勒阿特拉斯的东部。克鲁米里山脉的艾因代拉希姆年降雨量为 0.015 米。就所接受的雨量而言，一个山丘的北坡要比南坡多一些。但是随着海拔高度递增，温度也会逐渐下降，并且速度很快；尽管沿海山丘靠近海，但依旧是寒冷区域。小卡比利亚区的 2004 米巴布尔山峰顶积雪可达 4～5 个月；摩洛哥的大阿特拉斯山则常年积雪直至深夏才开始融化。阿特拉斯区的冬天非常寒冷，这给居民生活带来极大的不便。

◎资源

阿特拉斯山区在马格里布诸国的现代化发展中的作用是非常重要。蓄水坝的建造不仅可以储藏大量水以供平原灌溉，重要的是它使水力发电成为可能。在摩洛哥，水坝建在大阿特拉斯北坡跨越阿比德河和吉拉河，南坡的大坝则跨越在德拉和济兹河道上。在阿尔及利亚的卡比利亚区发展了水力发电站，分别设在阿格里翁和坚杰内河上。阿特拉斯的地质构造是矿物丰富，其中铅、锌、铜、锰和磷酸盐最为重要，这些原料常在海滨城镇进行加工。例如，来自温札的铁矿石提供给安纳巴的炼铁工业使用。

林业产品中软木比木材更为重要，生产集中在阿尔及利亚的卡比利亚区进行，尤其重要的是在科洛山丘。

▶ 知 识 窗

　　非洲的阿特拉斯山脉源于希腊神话中提坦神的后裔阿特拉斯。他是窃火者普罗米修斯的兄弟，他体形庞大，无人可比。阿特拉斯曾同其他的提坦神一起反对宙斯，失败后，宙斯命令他站在西方天地相合的地方，用双肩扛着天空。后来，希腊英雄柏修斯杀死蛇发女妖美杜莎，途经阿特拉斯王国，想在阿特拉斯的几个女儿和巨龙看守的金七果树的园中过一夜，阿特拉斯恐怕他的宝物被偷，便把他逐出宫殿，柏修斯很生气，就把美杜莎的头取出来，只要是看到美杜莎头的人都化为石头，结果，阿特拉斯一见美杜莎的头，身躯立即变成了一座大山，他的须发变成了广阔的森林，他的双肩、两手和骨头变成了山脊，他的头变成了高入云层的山峰，这就是非洲著名的阿特拉斯山脉。

| 拓展思考 |

1. 你了解阿特拉斯山的气候吗？
2. 阿特拉斯山的重要性是什么？

地球上的名山异洞

欧洲厄尔布鲁士山

Ou Zhou E Er Bu Lu Shi Shan

厄尔布鲁士山被称之为大高加索山群峰中的"龙头老大"，又名"厄峰"，是博科沃伊山脉的最高峰。在地图上看，好像是"骑在"亚欧两大洲的洲界线上的"跨洲峰"。但事实并不是这样，它的地理坐标为北纬43°21′，东经42°26′，整个山峰在俄罗斯联邦的版图内，西侧则紧依俄罗斯的斯塔夫罗波尔边疆区的东南隅。上世纪50年代初，国际学术界以高加索山系大高加索山脉的主脊，作为亚欧两洲陆上分界线南段的天然分界。

※ 厄尔布鲁士山

厄尔布鲁士山是欧洲第一高峰，高加索山脉的最高山峰。在俄罗斯南部，欧、亚两洲交界处的俄罗斯和格鲁吉亚边界的高加索地区。由两座安山岩熔岩火山锥组成，海拔分别为西峰5，642米和东峰5，595米。有许多矿泉溪流和22条冰川。总面积138平方千米。为高加索地区的登山和旅游中心，有各种体育设施。

◎地理位置

厄尔布鲁士峰地处俄罗斯西南部（大高加索山脉），属于高加索山系的大高加索山脉的博科沃伊支脉，是休眠火山。在欧、亚两洲交界处的俄罗斯和格鲁吉亚边界的高加索地区，离格鲁吉亚近。厄尔布鲁士山北偏东65千米处为俄罗斯的Kislovodsk城，南面20千米处为格鲁吉亚的Caucasus 地区。

在阿特拉斯山脉周围有 77 条大小冰川，总面积达 140 平方千米，其中以大阿扎乌冰川和小阿扎乌冰川、捷尔斯科尔冰川最为典型。受冰川溶水的作用，使周围形成了众多的河流。冬季结束后，雪线以上的积雪深度通常在 30～60 厘米，有时达到 3 米。厄尔布鲁士山附近有巴克散山谷、东古闰山谷、玉桑基山谷、阿迪苏山谷、埃瑞克山谷、克瑞蒂克山谷、赛瑞苏山谷等。

◎自然景观

厄尔布鲁士山的雪线，北坡在海拔 3200 米，南坡则在 3500 米。厄尔布鲁士所处的大高加索山脉，有十分明显的垂直气候，自然景观的垂直变化更是一个亮点：1200 米以下为阔叶林；1200～2200 米为针叶林；2200～3000 米为亚高山和高山草甸；2600～3500 米为高山苔原；3000～3500 米以上为高山冰雪带。

◎地理构造

作为地质史上火山长期连续喷发的产物，厄尔布鲁士山主要由安山岩构成，其锥状的外形表明它是"火山之子"。由于生来成一大一小、一高一矮的"双峰并峙"态势，西侧的主峰海拔 5642 米，东侧的辅峰海拔 5595 米。远远望去，映入人们眼帘的这位"双顶巨人"，巍巍高耸，在风中林立，气势磅礴，直冲云霄，墩实中显现出一种难以描述的威严。又

※ 壮观的厄尔布鲁士山

因为它矗立于大高加索山脉倾斜比较平缓的北坡上，又游离于这条山脉的主脊之外（以山脉相连），附近绝少其他像样的山峰出露。因此它的高度格外触目，即使距离数十千米，一眼望去，也显得高插入云，上接天际。在它高大的"形体"上，终年冰雪覆盖，雪线北坡在海拔 3200 米，南坡则在 3500 米；有 50 多条大冰川自然下垂，总面积达 140 平方千米。其

中，以大阿扎乌冰川和小阿扎乌冰川、捷尔斯科尔冰川最为典型。大阿扎乌冰川是山谷冰川，长 2100 米；小阿扎乌冰川为悬冰川，长不足 1000 米。冰川末端溢出的融水象乳汁一样"哺育"着周围数以百计的溪流，高加索地区著名的库班河和捷列克河等都是从这些冰川中导源，分别下注黑海和里海。

▶知识窗

　　厄峰是万千宠爱集于一身。按高度是高加索山区第一山、俄罗斯欧洲部分第一山、整个欧洲第一山，加上山区天造地设的美丽独特的自然风光，是天赐的自然财富，具有极大的登山和旅游价值。所以，一直以来俄罗斯官方和民间都予以高度的重视。从上世纪 60 年代起即着手规划、兴土木、搞基建。在数十年的经营后，已经将这里开发为一个体育、运动、旅游各种设施兼备的登山活动基地和观光中心、滑雪运动中心。除了为俄罗斯本国各项有关事业服务外，世界各地游客都慕名前来观光游览和从事登山、探险一类的体育及科研活动。

拓展思考

　　1. 厄峰的气候是怎样的？

　　2. 厄峰什么时间适宜登山？

斯堪的纳维亚山脉

Si Kan De Na Wei Ya Shan Mai

斯堪的纳维亚山脉又称"舍伦山脉",旧译"基阿连山脉"。

　　该山脉是欧洲北部山脉,它纵贯斯堪的纳维亚半岛,北起巴伦支海,西傍挪威海,南临斯卡格拉克海峡,东濒波罗的海海岸平原。长约1700千米,宽约200～600千米,一般海拔1000米左右。西坡陡峭且险峻,临近

※ 纳维亚山脉

海岸,东坡较为平坦,是中等高度的古老台状山地。最高峰加尔赫皮根海拔2468米,个别地区被厚厚的冰川覆盖。从山麓向上分布着阔叶林、针叶林、高山草地。矿藏有铁、铜、钛、黄铁矿等。山脉西坡的挪威沿海,由于冰川槽谷受海水侵入而形成一系列典型海湾。宽仅一至数千米的海湾,由于海岸线曲折,长度往往超过100千米。狭长、宁静的海湾,挺拔、瑰丽奇特的山崖,风景如画,是船舰良好的停泊地点。这是一方未被众人所知、有着天堂一般宁静与美丽的天地,此处开满鲜花,香气沁人心扉,原始的气息使人沉醉,令人向往。

　　由于斯堪的纳维亚山脉在古代受冰川侵蚀的作用,地势比较平缓,沿海形成许多深入内陆两岸陡峭的峡湾。山脉东坡为诺尔兰高原,阶梯式地向波的尼亚湾递降。冰蚀地貌形成的很成熟,除大量的冰斗和冰川槽谷外,并多冰川湖泊。仅瑞典一国就有大小湖泊9万多个,总面积达3.8万平方千米,占国土总面积的8%以上。

◎形成原因

　　就地质学上来说,斯堪的纳维亚山脉与苏格兰、爱尔兰以及北美洲的阿巴拉契亚山脉同源,早在盘古大陆之时便已形成,是史上最雄伟的加里

东山系的残余部分。由于长期受冰川侵蚀的作用，已发育成大量陡峭山峰。

◎气候

西部沿海迎风坡是温带海洋性气候，东部背风坡是温带大陆性气候，北部大部分是亚寒带大陆性气候，东北部北冰洋沿岸是寒带苔原气候。

◎人文历史

斯堪的纳维亚有个古老的传说：一个漆黑的冬季的夜晚，一位国王和他的士兵们围坐在火旁，在一个黑暗狭长的屋子里。忽然，一只小鸟从一个开着的门飞进来，接着从另一个门飞了出去。国王说，这鸟啊，也就跟人生在世一样，从黑暗里飞来，又向黑暗飞去。对它来说，温暖与光明，都只是短暂的瞬间。……这时一名年老的士兵说：陛下，就是在一望无际的黑暗里，小鸟也不会迷失方向，它会找到它的归宿。我们的生命虽然短暂而且渺小，但是世间伟大的一切却是由人所造成的。人生在世，能够意识到自己的这种崇高责任，那就是他的无上光荣。

▶ 知识窗

挪威沿海是世界上最大的渔场之一，捕鱼量居世界前列。拥有异常丰富的金属矿藏，其中以瑞典的铁矿最为著名，是世界上地下开采最大的铁矿。

| 拓展思考 |

1. 你还知道关于斯堪的纳维亚的其他传说吗？
2. 你了解斯堪的纳维亚山具体的形成原因吗？

亚平宁山脉

Ya Ping Ming Shan Mai

亚平宁山脉为阿尔卑斯山系较年轻的山脉之一，就地质方面而论，它与北非阿特拉斯山脉的一些沿海小山脉有关联，它与穿过西巴尔干各国和希腊的第拿里阿尔卑斯山脉也有相似之处。

意大利亚平宁半岛（又称意大利半岛）的主干山脉，是阿尔卑斯山脉主干南伸部分。西起濒海阿尔卑斯山脉附近的卡迪蓬纳山口，向南呈弧形延伸至西西里岛以西的埃加迪群岛止。周围的山脉被狭窄滨海地带所环绕，它是意大利半岛的自然骨干，对意大利人类地理学有非常重要的影响。亚平宁山脉整体呈巨弧形，从西北部靠近滨海阿尔卑斯山脉的卡迪波纳山口起，一直延伸远至西西里岛西边埃加迪群岛，总长约1，400千米，宽度为40～200千米。意大利半岛之上山脉本身的最高点

※ 亚平宁山脉

为科尔诺山，高2，912米。山脉远至意大利南端的卡拉布里亚，走向成西北到东南的趋势；然后从卡拉布里亚起，区域性走向改为先向南、后向西。

沉积在特提斯海南部边缘上的海洋沉积岩构成了亚平宁山脉。特提斯海是古欧洲板块和古非洲板块在中生代（约2.45亿～6，600万年前）相互分开期间，伸展在两板块之间的大海洋。那些海洋沉积岩石大部分是页岩、沙岩和石灰岩，而火成岩（如较古老的洋底壳的残遗物、亚平宁山脉北部的辉绿岩）则很稀少。

亚平宁造山运动一共经历了几个地壳构造期，大多是在新生代期间，即自6，600万年前之后。而在中新世和上新世（2，370万～160万年前）达到最高潮。在过去这100万年间曾沿亚平宁山脉西侧发生过许多大的断层，这或许与1，000万年前开始而导致形成新海——第勒尼安海——的地壳变薄有关。受这些断层的影响，火山活动变得越发强烈起来，沿这些断层形成了一条从托斯卡尼阿米亚塔山到西西里岛埃特纳山的火山链。这些火山中，多数都是死火山，如阿米亚塔山、奇米诺山、罗马附近的阿尔巴诺丘陵和蓬札群岛等，但是南边的维苏威火山、埃奥利群岛和埃特纳山却都依然是活火山。沿着整个火山链（包括西西里岛）常有地震活动，自公元1000年以来，有记录的地震就有4万余起。地震大多很浅，4.8～31千米深。据专家估计，地震的发生可能与火山链在非、欧构造板块之间复杂的地质活动中产生沉隔有关系。

由于亚平宁山脉地质年代不长易变化，而岩石的形式又多种多样，因而造成今日的山脉表面突兀崎岖。在北部的利古里亚有沙岩、泥灰岩和绿岩，这些岩石易碎，常有山崩。在托斯卡尼、艾米利亚、马尔凯和翁布里亚常有黏土、沙子和石灰岩。在拉齐奥、坎佩尼亚、普利亚、卡拉布里亚和西西里岛北部和东部，会有一些大片钙质岩露出地表，露头与露头之间隔有页岩和沙岩的低地。在莫利塞、巴西利卡塔和西西里有大片的泥质岩。这些地方的地貌受气候的影响，造成干旱缺水，整片土地一片荒芜，常带有劣地式的严重侵蚀。

自北部起，亚平宁山脉主要可划分为：托斯卡尼－艾米利亚亚平宁山脉，最高峰奇莫内山，海拔2，165米；翁布里亚－马奇吉亚亚平宁山脉，最高峰韦托雷山，海拔2，478米；阿布鲁齐亚平宁山脉，最高峰科尔诺山，海拔2，912米；坎佩尼亚亚平宁山脉，梅塔山高

2,241米；路加尼亚亚平宁山脉，波利诺山高2,267米；卡拉布里亚亚平宁山脉，阿尔托山高1,955米；最后是西西里山脉，埃特纳山高3,323米。在普利亚和西西里岛东南部的一些小山脉，低矮而水平的石灰岩高原形成了这些小山脉，亚平宁造山运动在过去对这些高原的影响较少。

亚平宁山脉有两条主要的河流，但都比较短。这两条河流是台伯河，长405千米，沿翁布里亚—马奇吉亚亚平宁山脉西麓向南流出，再流经罗马而抵达第勒尼安海；阿尔诺河，长249千米，从托斯卡尼—艾米利亚亚平宁山脉起向西流经佛罗伦斯最终到达利古里亚海。由于各个区域岩石的性质及其对水力作用的抵抗力不同，所以它们的地理性质也不尽相同。然而，从总的地形起伏情况却能清晰地还原出侵蚀周期早期（或年幼）阶段的特性。在石灰岩地区，多呈喀斯特侵蚀现像，地表裂隙由水力冲刷磨损。在亚平宁山脉一些最高处，现在还有最后一次冰川期的冰川侵蚀作用的痕迹；不过与阿尔卑斯山脉不同的是，亚平宁山脉当代的冰川早已消失不见。

◎地形及气候

大体可分为北、中、南三段。北段由砂岩组成，有着郁郁葱葱的茂盛森林。中段起自佩鲁贾—安科纳一线以南，地势崎岖，为山脉最宽、最高的部分，主要由石灰岩组成，最高点大科尔诺山，海拔2,914米，山坡有良好的放牧地。南段由花岗岩、片麻岩与云母片岩组成，覆盖有栗、栎、山毛榉与松等植被。山脉东坡平缓，西坡较陡。山脉系由一系列山地和丘陵组成的年轻褶皱带，地壳性质极不稳定，多火山和地震，偶尔会有山崩出现。维苏威火山和埃特纳火山最有名。亚平宁山脉的河流都很短，最长的特韦雷河，长405千米。湖泊小而分散，最大的湖特拉西梅诺湖，面积128平方千米。

亚平宁山脉的高山区气候与欧洲内陆相似，但有地中海气候调节。年降水量1000～2000毫米。

亚平宁山脉的最高部分是大陆性气候（与欧洲内地气候相同），但是因为受地中海气候的调节而有所改善。经常降雪，冬季寒冷而夏季炎热（7月平均气温为24℃～35℃）。年平均降雨量为1,000～2,000千米之间，靠第勒尼安海一侧（西山坡）的降雨量较靠亚得里亚海一侧（东山坡）为高。

由于亚平宁山脉地质是年代不长而岩石的形式又多种多样，因而今日的山脉表面突兀崎岖，十分险峻。在北部的利古里亚有沙岩、泥灰岩和绿岩，这些岩石易碎，常有山崩；在托斯卡尼、艾米利亚、马尔凯和翁布里亚常有黏土、沙子和石灰岩；在拉齐奥、坎佩尼亚、普利亚、卡拉布里亚和西西里岛北部和东部，有一些大片钙质岩露头，露头与露头之间隔有页岩和沙岩的低地；在莫利塞、巴西利卡塔和西西里有大片的泥质岩。这些地方的地貌是干旱缺水和荒芜不毛，并且常常带有劣地式的严重侵蚀。

◎植物和动物

亚平宁山脉的植物属地中海类型，但受气候的影响，随纬度和海拔高度不同而有不同。在北方，林地以栎、山毛榉、栗和松为主；在南方，冬青槲、月桂、乳香黄连木、香桃木和夹竹桃（一种观赏的常绿灌木）。普遍种植的作物多为橄榄树、柑橘和葡萄。橄榄树多种植在海拔约396米的高地上；柑橘广泛种植在卡拉布里亚和西西里岛；托斯卡尼、拉齐奥和普利亚盛产葡萄。在高山地区，利用土地的主要形式依然是放牧。

除了典型的地中海动物之外，许多当地的亚平宁动物品种现在被保护在两所自然保护区——阿布鲁佐国家公园和锡拉公园——和几所区域性公园之内；这些动物中如某些昆虫、"马尔西卡诺"棕熊、岩羚羊、狼和野猪都是亚平宁山脉所特有的。

◎经济

亚平宁山脉有几条铁路纵横交错。即便到处都是千沟万壑的台地，通达山区的道路却是很多。许多公路利用修建一系列气势宏大的隧道和路堤，克服了地势起伏不平的障碍；其中太阳高速公路是意大利半岛的主动脉，也是欧洲的观光大道之一。

自史前期以来，亚平宁山脉的高级大理石一直是意大利各民族的世代繁衍的生息地。直至今天，在高出海平面1，372～1，524米的高处（耕地的最高极限）可找到最高的乡村居民点。在冲积土耕地众多的宽阔的河谷中（如利古里亚的卢尼贾纳河谷、托斯卡尼的加尔法尼亚纳河谷以及阿尔诺河和台伯河上游的河谷），有人口稠密的地区。内陆各盆地如福利尼奥、特尔尼、列蒂、拉奎拉、苏尔莫纳、阿韦札诺等也是人口众多。

※ 布满绿茵的亚平宁山脉

制造业在亚平宁山脉的山麓已很普遍。采掘工业常与天然气的重要发现有着紧密联系，也已在邻近的沿海平原发展起来。矿产如汞、硫、硼、钾盐等很重要；大理石采石场，尤其是卡拉拉附近的大理石采石场，几个世纪以来已在全世界享有盛名。

▶知识窗

亚平宁山脉的主要农产品有橄榄、柑橘和葡萄。动物有棕熊、小羚羊、狼、野猪等。矿产有汞、硫黄、硼和钾盐。大理石更是久负盛名。

拓展思考

1. 你了解亚平宁山脉上的动植物吗？
2. 应如何保护亚平宁山脉上的动植物？

地球上的名山异洞

世界高海拔的名峰

SHIJIEGAOHAIBADEMINGFENG

第二章

本章介绍的是世界上海拔超过 8000 米的名峰，从高到低将最有名的山峰一次展现给读者。使大家了解这些世界高峰的分布、地理环境等相关知识。

地球上的名山异洞

珠穆朗玛峰

Zhu Mu Lang Ma Feng

珠穆朗玛峰，简称珠峰，又译作圣母峰，尼泊尔称为萨加马塔峰，也叫"埃非勒斯峰"，位于中国和尼泊尔交界的喜马拉雅山脉中段，北坡在中国西藏自治区的定日县境内，南坡在尼泊尔王国境内。峰体终年被冰雪覆盖，海拔8844.43米，为世界第一高峰，素来享有地球"第三极""世界之巅"的美誉，也是中国最美的、令人震撼的十大名山之一。

◎地理环境

※ 珠穆朗玛峰

　　珠穆朗玛峰山体呈巨型金字塔状，不仅巍峨挺拔，而且地形还极端陡峭险峻，环境非常复杂。在东北山脊、东南山脊和西山山脊中间夹着三大陡壁，在这些山脊和峭壁之间又分布着548条大陆型冰川，总面积达1457.07平方千米，平均厚度达7260米。印度洋季风带两大降水带积雪变质形成是冰雪补给的主要来源。

　　冰川上的冰塔林姿态万千、瑰丽罕见，又有高达数十米的冰陡崖和步步陷阱的明暗冰裂隙，还有险象环生的冰崩雪崩区。

　　珠峰不仅伟岸挺拔，而且气势恢弘。在它周围20千米的范围内，群峰连绵，山峦叠障，仅海拔7000米以上的高峰就有40多座。

　　除了姿态万千的冰塔，陡峭巍峨的山峰气势外，珠峰峰顶还飘荡着夺目的云彩，这些云彩就像是珠峰的旗帜，千奇万变、姿态各异，守护者孤独的世界之巅，更是为珠峰添加了一份壮丽与柔美，吸引着世人的眼球。

※ 珠峰云海

◎气候

受其独特的地理环境的影响，珠穆朗玛峰气候变幻异常，加上其极寒的天气，被称为地球第三极。每年6月初至9月中旬为雨季，强烈的东南季风造成暴雨频繁，云雾弥漫，冰雪肆虐无常的恶劣气候。11月中旬至翌年2月中旬，由于受到强劲的西北寒流控制，最低气温可达－60℃，平均气温在－40℃至－50℃之间。据珠峰

※ 巍峨珠峰

脚下的定日气象站的无线电探空资料表明，在海拔7500米的高度上最冷在2月，其平均气温为－27.1℃，最热是8月，平均气温－10.4℃，年平均气温为－19.6℃；而在海拔9400米高度上最冷也在2月（－40.5℃），最热也在8月（－23.7℃），年平均气温为－33.0℃，因而珠峰高度上的

地球上的名山异洞

年平均气温约为－29.0℃左右，一月平均气温－37℃，七月平均气温－20℃左右。

刮七八级大风对珠峰来说是一件很平常的事情，十二级大风也不少见，最大风速可达 90 米/秒。每年 3 月初至 5 月末，是风季过度到雨季的春季，而 9 月初至 10 月末是雨季过度至风季的秋季。在此期间，好天气较多，是登山的最佳季节。

◎攀登及考察

巍峨壮观拥有地球第一高峰的珠穆朗玛峰，不仅是对登山爱好者的极限挑战，还吸引了很多的科学工作者前来攀登考察。

在 19 世纪初，全世界就开始了珠峰的攀登及考察，但是直到 1953 年，才由英国人埃德蒙·希拉里、丹增创下首登成功的纪录。1960年，中国登山运动员和科学工作者不畏艰险，克服重重困难，首次从北坡登上了珠穆朗玛峰顶，在世界登山史上创造了前所未有的奇迹。

※ 中国首次登陆珠峰的三名队员

从 60 年代起，中国科学工作者对珠峰地区进行了全面考察，在古生物、自然地理、高山气候以及现代冰川、地貌等多方面，都获得了极其丰富而有价值的资料。1975 年，中国测绘工作者在中国登山队的配合下，再次登上珠穆朗玛峰，精确地测定了它的高度，并绘出了珠峰地区的详细地图。所有这些，都为中国开发利用西藏高原的自然资源提供了极其重要的科学依据。

◎攀登路线

珠穆朗玛峰在前人的努力下共开发了 11 条攀登路线：

（1）东南山脊路线：1952 年由瑞士登山队发现，虽然失败了，到第 2

年由英国队沿此线登顶成功。

（2）东北山脊路线：1960年由中国队首次开创并且成功登顶。

（3）西北脊转北壁路线：1963年由美国队开创并取得了成功。

（4）西南壁路线：1975年由英国博宁队首创并登上顶峰。

（5）西北脊路线：1979年由前南斯拉夫队发现并由此登上顶极。

（6）北壁直上路线：1980年由日本队首创并登上顶峰。

（7）南面柱状山脊路线：1980年波兰队开辟并登上顶峰。

（8）北山脊转北壁路线：1980年意大利人梅斯纳尔独自一人首创并取得成功。

（9）西南壁转西北脊路线：1982年由苏联队开创，并沿此线登上顶峰。

（10）东壁转东南山脊路线：1983年由美国旧金山湾区队首创并取得成功。

（11）东壁路线：1988年由美国——新西兰国际探险开创并由此登顶。

▶ 知 识 窗

·国家自然保护区·

　　1989年3月，珠穆朗玛峰国家自然保护区宣告成立。保护区面积3.38万平方千米，区内珍稀、濒危生物物种极为丰富，其中有8种国家一类保护动物，如长尾灰叶猴、熊猴、喜马拉雅塔尔羊、金钱豹等。

拓展思考

1. 珠穆朗玛峰和南极文森峰的气候比较？

2. 珠穆朗玛峰南坡与北坡的不同之处？

乔戈里峰

Qiang Ge Li Feng

乔戈里峰又称 K2 峰，坐落在喀喇昆仑山的中段，海拔 8611 米，是喀喇昆仑山脉的主峰，是世界上第二高峰。属于中国的一侧，在新疆维吾尔自治区叶城县境内。乔戈里峰是国际登山界公认的攀登难度较大的山峰之一。

◎地理环境

与乔戈里山峰紧密相连的是四座海拔超过 8000 米的山峰，昆仑山的险峻陡峭由此可见非同一般。乔戈里山峰主要有 6 条山脊，西北——东南山脊为喀喇昆山脉主脊线。同时也是中国、巴基斯坦的国境线。

※ 乔戈里峰

其他还有北山脊、西山脊、西北山脊。峰巅整体呈金字塔形，冰崖壁立，山势险峻，在陡峭的坡壁上布满了雪崩的溜槽痕迹。山峰顶部是一个由北向南微微升起的冰坡，面积较大。北侧如险峻陡峭如同刀削斧劈，平均坡度达 45 度以上。从北侧大本营到顶峰，垂直高差竟达 4700 米，是世界上 8000 米以上高峰垂直高差最大的山峰。北侧的冰川叫乔戈里冰川，地形错综复杂。冰川表面破碎，明暗冰裂缝纵横交错。冰川西侧山谷为陡峭岩壁，滚石、冰崩、雪崩频繁。乔戈里峰两侧就是长达 44 千米的音苏盖提冰川。

◎气候

除了峰体险峻陡峭为众人所知之外，乔戈里山峰气候的恶劣更是屈指

※ 乔戈里峰下的攀登者

可数。每年 5 月至 9 月，伴着西南季风送来暖湿的气流，化雨而降，本地区达到雨季。9 月中旬以后至翌年 4 月中旬，强劲的西风带来严酷难耐的寒冬。在海拔 7000 米以上经常刮着 8 级以上的高空风，风速达每小时 60 千米以上，有时一秒就可以达到 25 米，降雪时会连续降 4～5 天，温度最低时可达到零下 50 多度，峰顶常年被浓雾所笼罩。每逢峰顶的最低气温可达零下 50 度，最大风速可达到 5 米/秒以上时，就是乔戈里峰登山的气候禁区。而在每年的 5～9 月间，温度上升，雪融水和雨水融降，往往造成河谷水位猛涨，进山困难的情况时有出现。因此，乔戈里山峰的登山活动最佳时机应安排在 5～6 月初进山，这时的河水虽涨，但并不太严重，对登山活动影响不是很大。

◎攀登

作为世界第二高峰的乔戈里峰，周围有 20 座 7000 米以上的高峰，群峰连绵，场面十分壮观。因此这里就成了世界登山家们瞩目的第二个登山中心。1954 年，由阿迪托·迪塞奥带领一支意大利登山队向乔戈里山峰峰顶出发，队员里诺·雷斯德里和阿奇里·科帕哥诺尼在 7 月 31 日首次

地球上的名山异洞

※ 攀登在乔戈里峰上

成功登上峰顶。

2004 年 7 月 27 日，中国西藏登山探险队于当地时间 6 时 50 分（北京时间 9 时 50 分）成功登顶乔戈里峰。

▶知识窗

·中国西藏登山队·

中国西藏登山队成立于 1960 年，在 40 多年的登山历程中，先后有藏、汉族登山运动员 45 人次登上世界第一高峰——珠穆朗玛峰，261 人次登上海拔 8，000 米以上高度。其中 3 人已连续登上世界十三座 8，000 米以上高峰，创造了我国登山的最高记录。2000 年，西藏自治区人民政府授予西藏登山队"高原英雄登山队"荣誉称号；国家体育总局授予西藏登山队"勇攀高峰先进集体"荣誉称号，共青团西藏自治区委员会授予西藏登山队"西藏青年五四红旗集体"称号。

虽然珠穆朗玛峰被称为地球第一高峰，但是就攀登难度和死亡率而言，远远不及小于它的世界第二高峰乔戈里峰。所以，在登山界的攀登者给乔戈里峰起了很多名字如"野蛮暴峰"，"没有回报的山峰"等。

在 2003 年 9 月有份关于乔戈里峰探险者数据统计：共登顶 198 人，共死亡 53 人，总体死亡率为 26.77%，1990 年之前的死亡率为 41%，1990 年以来死亡率为 19.7%。

2008 年 8 月 2 日，乔戈里山峰的一队攀登者的遇难成为了乔戈里峰史上死亡人

※ 乔戈里峰下的攀登队帐篷

数最多的灾难。该攀登队共有 17 名队员，他们在从巴基斯坦一侧登顶返回时不幸遭遇雪崩，有 11 人遇难，仅 6 名幸存者。

◎传说

传说慕士塔格峰和乔格里峰原是连在一起的，在慕士塔格峰上住着一位美丽的冰山公主，乔戈里山峰上住着一位英俊的雪山王子。冰山公主与雪山公子一见钟情。但是凶恶的天王同样爱慕着冰山公主，当他得知公主与王子相爱的消息后，便用神棍劈开了这两座相连的山峰，使冰山公主和雪山王子不能在一起，只能彼此遥遥的相望，脉脉不得语。冰山公主因思念雪山王子而终日不停的哭，眼泪不停的流啊流，最后落地的眼泪流成了冰川。雪山王子历经千难万险却还是见不到冰山公主，无奈之下，只好向太阳神求助。太阳神虽然答应了雪山王子的求助，但也只能让雪山王子的洁白透明的身体融化，变成一片彩霞去陪冰山公主。王子为了陪在公主的身边，就同意了太阳神的办法。太阳神便在每年夏秋两季太阳落山后，悄悄把雪山王子变成彩霞留在慕士塔格冰峰上，以此来表达思念。

拓展思考

1. 乔戈里峰的气候与珠穆朗玛峰的气候相比哪个恶劣？

2. 乔戈里峰最佳进山时期除了 5 月到 6 月初，还有哪个时期较佳？

地球上的名山异洞

干城章嘉峰

Gan Cheng Zhang Jia Feng

干城章嘉峰又名金城章嘉峰，海拔 8586 米，是世界第三高峰。座落在喜马拉雅山脉中段尼泊尔和锡金的边界线上，是全世界 14座 8000 米高峰中位置最东面的一座。据说干城章嘉峰山麓是"雪人"频繁出没的地方。20 世纪 60 年代，印度导演萨蒂亚吉特·雷伊拍摄了电影《干城章嘉峰》。

※ 干城章嘉峰

◎地理环境

干城章嘉峰有 5 个峰顶，其中 4 个峰顶高逾 8450 米，所以其名字有"雪神五项珍宝"之意。在世界第一高峰被确认之前，它曾被误以为是世界最高峰。干城章嘉峰是一组巨大的群峰的主峰，它坐落在三座海拔超过8400 米的高峰中央，西临雅兰康峰（海拔 8438 米），东侧紧靠主峰的叫干城章嘉 II 峰（海拔 8438 米），最东边的叫达龙康日峰（海拔 8476 米）。因其间蜿蜒着众多山谷冰川，使得山势更为险峻陡峭，冰崩、雪崩更是频繁出没。由于处于孟加拉湾暖湿气流控制区，温度适宜，致使降水量非常大，冰雪补给充足，东坡的热姆冰川长达 31 千米，面积 130 多平方千米，它的厚度达到 300 米。西坡有雅鲁冰川，西北坡还有干城章嘉冰川和普鲁尔冰川。这些冰川流动快，冰裂缝较多。这组群峰，受地理位置影响，常常被浓云遮盖，很难露出真面目。

◎攀登

从 1955 年人类首次登顶干城章嘉峰，至 1999 年底也只有 46 人登上干城章嘉峰，是 14 座 8000 米中的倒数第三名。1955 年 5 月 25 日，英国登山队开创雅龙冰川—西北壁路线，G·班德、N·哈迪、J·布朗和T·斯特里塞尔四人首次登上干城章嘉顶峰。

1998年5月9日，中国西藏攀登队成功登顶干城章嘉峰，并将五星红旗插在干城章嘉峰之巅。

1998年，英国的珍妮特首登此峰，成为第一位登上

※ 攀登干城章嘉峰

干城章嘉的女性。但1999年秋，当珍妮特尝试攀登道拉吉利峰时，不幸遭遇雪崩遇难。

2009年5月18日，西班牙女登山者帕萨万成功登顶喜马拉雅山的干城章嘉峰。

▶ 知 识 窗

　　传说在尼泊尔喜马拉雅山区有一种大雪怪，其中干城章嘉峰是雪人出现最频发的地区。世界各地的探险队、科学家和媒体都相继前往喜马拉雅山区，希望能揭开雪人的神秘面纱。一名美国的摄影师在2007年9月意外拍到这个奇异生物，它全身长毛、用四肢屈膝行走，这个大怪物也因此轰动全球。另外一支考察团则是在文殊河河岸沙地上发现了三枚脚印，其中一枚脚印长约33厘米，特别清晰，极有可能是在被发现前24小时留下。

拓展思考

1. 章嘉峰有几条登山路线？
2. 章嘉峰的山势和乔戈里峰相比哪个更险峻？

地球上的名山异洞

道拉吉里峰

Dao La Ji Li Feng

道拉吉里峰位于喜马拉雅山脉中段，海拔8172米，东距珠穆朗玛峰约300千米，为世界第七高峰。因山势险峻陡峭，使人望而生畏，故有"魔鬼峰"之称。

※ 道拉吉里峰

◎地理环境

道拉吉里在"梵文"的意思是"白山"。峰顶浑圆如盖，像城堡一样耸立在在"生命禁区"之中，空气虽清新但缺氧。坏天气到来之前并没有预兆，经常突袭而来，风时速竟达200千米。在尼泊尔那一片黑色的、微光闪烁的群山中，道拉吉里峰兀然突起。在黄昏，顶峰的飞雪在夕阳的映照下如火山喷发，异常耀眼，这使得道拉吉里峰就像一座火山，这也正是道拉吉里峰又称魔鬼之山的原因。它西面有6座7500米以上的山峰。

知识窗

·梵语·

作为印欧语系最古老的语言之一，梵语是印欧语系的印度—伊朗语族的印度—雅利安语支的一种语言。和拉丁语一样，梵语已经成为一种属于学术和宗教的专门用语。印度教经典《吠陀经》即用梵文写成。其语法和发音均视作一种宗教仪规而得以丝毫不差地保存下来。19世纪时，梵语成为重构印欧诸语言的关键语种。有人认为它是梵天的语言。

◎气候

道拉吉里峰呈大陆性高原气候，在冬半年气候干燥且风很大，为干季和风季，每年6月初至9月中旬为雨季。受强烈的东南季风的影响，暴雨较多，而暴雨又引起了频繁的冰崩、雪崩，造成山上云雾弥漫，冰雪肆虐的恶劣气候。11 月中旬至翌年的 2 月中旬，受强烈的西北寒流控制的缘由，气温可达－60℃，平均气温在－40℃至－50℃之间。最大风速可达 90 米/秒。只有在 4 月底至 5 月末，

※ 像火山一样的道拉吉里峰

或 9 到 10 月这段时间，在风季与雨季相互过渡的时节，通常会有 3～4 次持续 2～5 天的好天气，这是一年中进行登山活动的绝好时机，包括道拉吉里峰在内的喜马拉雅地区，最好的攀登季节是春季，一般可以持续大约两周的好天气。

◎攀登

1950 年，法国人为争取完成人类第一次对 8000 米级山峰的攀登，组织了一支实力极为强大的队伍对道拉吉里峰进行攀登，但也仅仅到达了海拔 5200 米处，随后他们马上转向安纳普尔那峰进行攀登并获成功，开创人类攀登 8000 米级高峰的先河。

1951 年，苏黎士阿尔卑斯俱乐部（AACZ）组队再次对道拉吉里峰进行了攀登，但只到达海拔 7600 米处。

1960 年 5 月 13 日，一支国际联合登山队首次登顶道拉吉里峰。

1993 年 5 月，"中国西藏 14 座 8000 米以上高峰探险队"登顶该峰。

1999 年，英国女登山家哈瑞森在对该峰进行攀登时失踪。

2010 年 5 月 16 日，中国首支道拉吉里峰民间登山队 8 名队员中的 5 人，16 日安全返回尼泊尔首都加德满都，其余 3 人不幸遇难。

拓展思考

1. 道拉吉里峰有几条攀登路线？
2. 哪条攀登路线是"不可攀登的"？

希夏帮马峰

Xi Xia Bang Ma Feng

希夏邦马峰海拔 8012 米，位于喜马拉雅山脉中段，坐落于中国西藏聂拉木县境内。其东南方临近珠穆朗玛峰，距离约 120 千米，是惟一一座完全在中国境内海拔超过 8000 米以上的高峰，也是喜马拉雅山脉著名的高峰之一。

※ 希夏邦马峰

◎地理环境

作为喜马拉雅山脉现代冰川作用中心之一的希夏邦马峰，整个枯岗日山脉冰川和永久积雪面积达 6000 平方千米，主要集中于希夏邦马峰周围。希夏邦马峰有三个相近高峰组成，在主峰西北 200 米和 400 米处，分别有 8008 米和 7966 米两个峰尖。其东面是海拔 7703 米的摩拉门青峰，西北面是 7966 米岗彭庆峰。野博康加勒冰川横对着希夏邦马峰北坡，而希夏邦马峰平行于达曲冰川。北山脊以东是格牙冰川，南坡有 16 千米长的富曲冰川，其末端一直降到 4550 米的灌木林带。最引人入胜的是海拔 5000～5800 米之间的冰塔区，长达几千米，景象形态甚是奇异、姿态万千，宛若活生生的"冰晶园林"。但因其上布满了纵横交错的冰雪裂缝而时常发生的巨冰雪崩。北坡有长达 10 余千米的山谷冰川，冰塔参差，银光闪烁，站在远方眺望，阳光下的希夏邦马峰白雪皑皑，熠熠生辉，它的美丽令人惊叹不已。

在希夏邦马峰上有很多动物生存，其中比较重要的品种有野驴、嵩羊、太阳鸟、小熊猫、长臂叶猴等。

▶知 识 窗

· 冰塔 ·

冰塔又称冰林，是指冰川表面林立的塔形冰柱。因冰川表面长时期发生差别消融所成，高达数十米，形态各异，多呈塔状，一座座耸立在冰面上，故称冰塔林。冰塔间错落着冰湖、冰洞、冰沟与冰桥，晶莹夺目，十分壮观。多见于中低纬高山地区的一些山谷冰川上。

◎气候

希夏邦马峰的气候大体上与珠穆朗玛峰相似。每年 6 月初至 9 月中旬为雨季，受东南风的作用会引起暴雨和大片的云雾等等，更有可能引起雪崩。11 月中旬至翌年 2 月中旬，因受强劲和西北寒流控制，气温可达－60℃，平均气温在－40℃至－50℃之间。最大风速可达 90 米/秒。每年 3 月初至 5 月末，是风季过度到雨季的春季，而 9 月初至 10 月末是雨季过度到风季的秋季。一般在一个月内会出现 2～3 次的连续 2 天以上的好天气，而 3 天以上的好天气一般可能出现 1～2 次，相隔时间大约 5～19 天，此时是登山和最佳季节和时期。

◎攀登

希夏邦马峰的气候变化无常，加上冰川的作用，山上交错着很多冰雪裂缝和时而发生的冰雪崩，这对攀登西夏帮马蜂来说都是相当大的阻力。截止到 2003 年，成功登顶希夏邦马峰的仅有 201 位攀登者，遇难者19 位。

2002 年 8 月 7 日，攀登希夏邦马西峰的中国青年林礼清、杨磊、卢臻、雷宇、张兴柏等 5 位北京大学登山队的学生，在冲击顶峰途中不幸遭遇雪崩，全部遇难。

1964 年 5 月 2 日，中国 10 名登山队员首次登上顶峰。他们是：许竞、张俊岩、王富洲、邬宗岳、陈三、索南多吉、程天亮、米玛扎西、多吉、云登。

※ 在希夏邦马峰攀登

从 1980 年到 1990 年 10 月间，先后有 17 个国家的 19 个队共 107 人登上了这座山峰。1995 年，一支西班牙登山队打破传统路线的惟一性，成功从南坡登顶成功，并命名为"菲哥瑞斯路线"。

◎进山路线

从拉萨乘车沿中尼公路经过江孜、日喀则达协格尔，行程 670 千米。再西行经定日至哈墩约 138 千米，继续西行 50 千米后南下，沿简易公路行 20 千米即到达到希夏邦马峰北麓，野博康加勒冰川北侧终馈坡便是登山大本营，海拔 5114 米。

拓展思考

1. 希夏邦马峰有几条攀登路线？
2. 你了解生活在希夏邦马峰的动物的生存情况吗？

公格尔峰

Gong Ge Er Feng

公格尔峰位于新疆克孜勒苏柯尔克孜自治州阿克陶县，为昆仑山的高峰之一，海拔 7719 米。因其峰顶常年积雪，在阳光的照耀下，山间仿佛悬挂着条条银光闪闪的冰川，场面甚是壮观。

※ 公格尔峰

◎地理概貌

公格尔峰与九别峰山体相连，又合称公格尔九别峰，公格尔山是西昆仑山脉上的第一高峰。山峰呈金字塔形，峰体险峻陡峭，平均坡度约 45 度，山峰主要以 4 条主山脊为骨架：北山脊、西山脊、南山脊、东山脊。山顶常年积雪，峰体布满冰川，山坡被浮雪所填满，有高差达 300 米左右的雪崩区。

◎气候

因为公格尔峰本身处于内陆，再加上高山众多阻挡了印度洋和太平洋气流的进入，所以气候十分干燥，降水的主要来源是来自高空西风带气流和极地冷湿气流的相互作用所产生的雨。在海拔 7500 米左右地平均气温在－20℃，最低可达－30℃，最大风力 9～11 级，通常风力是 7 级左右。这一地区的最大的特点是天气变幻无常，即使在炎炎夏日，山上风雪交加也是常有的事，气温可下降到－20℃。因此，通常登山活动一般安排在 6～8 月为宜。

◎攀登情况

1924 年，美国人新克兰君曾对公格尔九别峰进行过考察；

1956 年，中国与苏联联合登山队首次成功登顶；

1981 年 7 月 12 日，英国登山队鲍宁顿、鲍德曼、路丝、塔斯克 4 人首次登临公格尔山的极顶。

▶ 知 识 窗

· 路线 ·

从乌鲁木齐乘飞机抵达南疆重镇喀什，换乘汽车沿中巴公路向西南方行进，行至盖孜，再沿简易公路东行 50 千米到达公格尔峰东北山麓的候孜草原，大本营常设在库鲁岗冰川的末端，海拔 3600 米处。若去南坡，则沿中巴公路前行至卡拉库里湖畔，并渡过康西瓦河，徒步跋涉到山麓。

┃拓展思考┃

1. 公格尔峰有几条登山路线？

2. 你了解公格尔峰的传说吗？

地球上的名山异洞

马卡鲁峰

Ma Ka Lu Feng

马卡鲁峰海拔 8463 米，位于喜马拉雅山脉中段，东经 87°06′，北纬 27°54′，其西北方向距珠穆朗玛峰 24 千米，沿西北—东南山脊为界，北临中国西藏境内，南侧在尼泊尔境内。其峰体上厚厚的冰雪终年不化，坡谷中分布着巨大的冰川，又因冰川上有许多深渊般的巨大冰裂缝，冰崩雪崩等发生频繁。1955 年，法国登山队 9 名队员首次登上峰顶。

※ 马卡鲁峰

◎特征

马卡鲁峰的气候与珠穆朗玛峰大体相似，冬半年干燥而风大，为干季和风季。夏半年为雨季，呈大陆性高原气候特征。每年 6 月初至 9 月中旬为雨季，受强烈的东南风的作用会引起暴雨，大片的云雾更会带来频繁的冰崩、雪崩，气候十分恶劣。11 月中旬至翌年的 2 月中旬，因受强烈的西北寒流控制，气温可达－60℃，平均气温在－40℃至－50℃之间。最大风速可达 90 米/秒。只有在 4 月底至 5 月末，或 9 到 10 月这段时间，是风季与雨季相互过渡的时节，但也只有 3～4 次持续 2～5 天的好天气，这是一年中进行登山活动的绝好时机，包括马卡鲁峰在内的喜马拉雅地区最好的攀登季节是春季，好天气一般可以持续两周左右的周期。

◎攀登记录

1954 年，法国登山队长弓登上了海拔 7640 米的马卡鲁Ⅱ峰。

1955 年 5 月，法国登山队从尼泊尔王国境内越过西北山脊鞍部，从中国境内的西北侧登上了顶峰，并且成功首登马卡鲁峰。

1970 年，日本登山队登顶海拔 8010 米的马卡鲁东南卫峰。

1997 年，俄罗斯队沿西侧山脊成功登顶马卡鲁峰，这条线路被认为是所有攀登马卡鲁峰的线路中最为困难的，在俄罗斯人成功之前已经有 6 支队伍在这条路线上折戟沉沙。

2003 年 5 月，"中国西藏 14 座 8000 米以上高峰探险队"登顶马卡鲁峰。

夏尔巴成为第一个完成两次攀登马卡鲁的人。

> ▶知识窗◀
>
> 旅游路线：从乌鲁木齐乘汽车或飞机至阿克苏，再北上温宿后继续北行到塔沿拉克，然后徒步沿琼兰河蓄北上，可达托木尔峰南坡。登山大本营可设在职台兰冰川末端，海拔 3700 米处。另一条路线是从温宿东行至破城子，然后徒步溯河北上 40 千米，至吐盖别里齐。从此处也可攀登汗腾格里峰和雪莲峰。

▌拓展思考▐

1. 你了解马卡鲁峰的传说吗？

2. 登上马卡鲁峰峰顶的登山人员都有谁？

地球上的名山异洞

卓奥友峰

Zhuo Ao You Feng

卓奥友峰属于喜马拉雅山脉，是世界最高峰之一，海拔 8，201 米，位于在中国西藏定日县的中尼边境上。东邻世界最高峰—珠穆朗玛峰，西接世界第十四座高峰—希夏邦马峰。距圣母峰西北约 30 千米，是世界第六高峰。

※ 卓奥友峰

◎ 特征

卓奥友峰主要有西北、东北、西南、东南和西侧五条山脊，北坡西山脊是传统路线。峰体上的积雪和冰川常年不化。北侧的加布拉冰川长 10 多千米，南侧的兰巴冰川长 14 千米，而格重巴冰川长达 20 余千米。冰川类型以山谷冰川为主，其次为平顶冰川、冰斗冰川等。

卓奥友峰的周围有很多雪峰，加上群峰上一道道常年不化的冰川和那些千奇百怪、形状各异的冰塔林，把这群山峰烘托得格外灿烂多姿，气势恢弘。卓奥友峰西侧山下海拔 5700 米处是著名的兰巴山口。距兰巴山口南侧 10 千米处是兰巴冰川，这里地形错综复杂，气候多变。加上这两条冰川粒雪发育充足，两条冰川的下部形成扑朔迷离迷宫式的冰塔林、形态各异冰蘑菇点缀在冰川终碛。冰川的两侧山谷为陡峭岩壁、壁下为滚石区，也有冰川消融而形成的冰川湖，十分壮观夺目。

◎ 气候

在不同的季节里，卓奥友峰的气候也不尽相同。在冬半年是干季和风季，天气干燥而风大。夏半年呈大陆性高原气候，为雨季。卓奥友地区的气候与珠穆朗玛峰大体相似，每年 10 月到翌年 3 月为风季，风速一般为50 米/秒，气温常在－30℃至－40℃。每年 6～9 月是雨季，只有在 4 月底到 5 月末或 9～10 月这段时间是风季过渡到雨季的时节，或等到雨季过渡到风季的间隙时期，通常持续 2～4 天的好天气一般会有 3～4 次，在这个时期最适宜登山。

※ 卓奥友峰下的帐篷

◎攀登

1952～1964 年间，从加德满都出发，沿兰巴冰川向的北路线，攀登卓奥友峰的英国、奥地利、法国、印度、西德等国家的登山者中，仅有奥地利、印度和西德的登山队获得成功。

1959 年，法国女登山家郭刚率领国际女子登山队在攀登中不幸遇难。

1985 年 5 月 5 日，由奥地利、瑞士、西德、美国、荷兰五国组成的国际联合登山队，在奥地利著名登山家斯史克·马克思的率领下登卓奥友峰，成为第一支由中国一侧征服卓峰的登山队。

1985 年，我国西藏登山队中的 9 名队员登上海拔 8201 米的卓奥友峰，这是我国登山队首次征服卓奥友峰。

1998 年 4 月 21 日，北京大学山鹰社作为我国业余登山队成功登上卓奥友峰，这是一个新的里程。

▶ 知 识 窗

在卓奥友峰每个登山季节只有几次持续 2～4 天的好天气周期。春季的好天气周期持续较长，一般两周左右，春季也成了卓奥友峰的最佳登山季节。卓奥友峰的坏天气是登山的最大障碍，如在 2000 年的秋季，一支队伍曾经创记录在三号营地等了 9 天，最后还是暴风雪，只得下撤。而曾登顶 6 座 8000 米的山峰的波兰女登山家安娜就是因为没有遇到好天气，只能遗憾而归。

拓展思考

1. 卓奥友峰有几条登山路线？

2. 至今共有多少成功登顶卓奥友峰的登山者？

地球上的名山异洞

慕士塔格峰

Mu Shi Ta Ge Feng

慕士塔格峰位于新疆维吾尔族自治区阿克陶县与塔什库尔干塔吉克自治县交界处，海拔 7546 米。地处塔里木盆地西部边缘，东帕米尔高原东南部，地理位置为北纬 38°00′～38°40′，东经 74°40′～75°40′。

◎地理特征

在阳光下，慕士塔格峰峰顶的皑皑白雪熠熠生辉，雄踞群山之首，素来享有冰山之父的美称。自古至今，从不乏顶礼膜拜与探幽问险之人。一些国内外登山队更是因其壮观巍峨纷至沓来，络绎不绝。神秘的地方总是充满诱惑，中巴公路就从慕士塔格山脚下绕行而过，因此，当慕士塔格山下的卡拉库勒湖畔修建了多功能的服务设施后，更多的国内外登山者轻车简从，一辆自行车，一顶小帐篷，一只小睡袋便奔到慕士塔格山下安营扎寨。夏秋季节，各色各样五彩绚丽的小帐篷犹如盛开的花朵，将荒漠戈壁雪山草地装扮得异常美丽。而更多的人则是以朝圣者的虔诚来这里领略慕士塔格峰与卡拉库勒湖相互交错的美景，或搜集深深蕴藏在慕士塔格山下、卡勒库勒湖底深沉的文化底蕴。

◎冰川发育

慕士塔格峰峰体是一座浑圆形的断块山，其主峰海拔 7546 米，地势高亢，气候寒冷，终年以固体降水为主，因此对于冰川的发育十分有利。围绕其主峰两侧发育了许多规模较大的山地冰川呈放射状分布格局，数百平方千米冰体，自 7000 米以上的山顶一直覆盖到 5100 米、5500 米的高度，成为特殊的峡谷式溢出山谷冰川。该区有现代冰川 128 条，冰川总面积 377.21 平方千米，其中冰川面积超过 10 平方千米的有 8 条，最大的冰川为位于主峰东侧的科克萨依冰川，面积可达 86.5 平方千米，为塔里木盆地的重要冰川作用区之一。

地球上的名山异洞

※ 慕士塔格峰

◎周边山峰

　　慕士塔格峰、公格尔峰及公格尔九别峰，三山耸立，宛如三个擎天巨人般屹立在天地之间，成为帕米尔高原的标志和代表，是帕米尔高原上最令人沉醉的景观。览三山之风光，观高原之壮阔，是游人登临帕米尔高原的必做之事。

▶知　识　窗

1670 年，英国的托罗切尔对该峰作过考查。

1956 年，中国和苏联联和登山队 31 名队员经奋斗拼搏，最后全部登顶成功。

1959 年，中国登山队 33 名队员登顶成功，同时创造女子登山高度世界纪录。

拓展思考

1. 你了解慕士塔格峰的形成吗？

2. 什么时间适宜去登峰？

列宁峰

Lie Ning Feng

列宁峰海拔 7134 米，是吉尔吉斯斯坦和塔吉克斯坦边界上的外阿莱山脉最高峰，也是帕米尔高原第二高的山，位于第二大城市奥斯的南方 200 千米处，在吉尔吉斯与塔吉克的边界上。

※ 列宁峰

◎列宁峰简介

英语：LeninPeak

俄语作 Pik Lenina，旧称考夫曼山（Mount Kaufman）。

吉尔吉斯斯坦和塔吉克斯坦边界上的外阿莱（Trans－Alay）山脉最高峰（7,134 米）。当时认为是苏联境内的最高峰，1932～1933 年发现斯大林峰（1962 年后称为共产主义峰）更高，1943 年发现胜利峰也比它高，因此列宁峰被降到第三位。

列宁峰为俄国探险家费

※ 攀登在列宁峰上

琴科（A. P. Fedchenko）于 1871 年发现。该峰陡峭的山侧有被常年不化的冰川覆盖。1928 年，苏联科学院帕米尔考察团成员德国登山运动员首次从南坡攀登此峰，1934 年，苏联登山运动员首次从北坡攀登此峰。

虽然攀登难度并不大，但因其路途比较远，且雪崩频繁发生，使攀登的困难度陡然增加了不少。天气好和温度适宜时，非常适宜登山活动，但天气一变的话，会有经历从天堂变成地狱的巨变。

列宁峰是苏联时代非常有名的一座山，以伟大领袖列宁的名字命名，同时它也是世界百岳之一，更是成为雪豹（专业高级登山向导）的过程中必须攀登的一座山。

◎历史记录

1958 年，8 月到 9 月间，在苏联境内进行集训，成功攀登了帕米尔高原海拔 7134 米的列宁峰。

1958 年 9 月 7 日，中苏混合登山队登上苏联境内帕米尔高原海拔 7134 米的列宁峰。

1974 年，苏联 11 名女子登山队员，不幸全部失败。

1978 年 11 月 2 日，在列宁峰附近发生了 8 级强烈地震。

1987 年，安纳托利·波克里夫创列宁峰登顶来回记录 14 小时。

1990 年，登山史上最大的雪崩发生在列宁峰上，在登山时不幸遭遇雪崩，有 43 名登山家被雪崩掩埋，只有 2 人幸存。

2009 年，在瑞士新世界股份有限公司组织的当代世界七大自然景观评选活动中，列宁峰（自 2006 年 7 月起，塔吉克斯坦称之为库来·伊斯基克洛尔独立峰）获得了 1 亿选票，被提名为世界七大自然景观之一。

> ▶ **知识窗**
>
> 山峰特点：群峦叠嶂，奇石耸立，林壑幽美，佳木葱笼，拟物状人，千姿百态。于天柱峰下放眼长望，但见一峰云涌，酷似伟人列宁仰天长眠，周围紫气缭绕，大有御风欲仙之概。

拓展思考

1. 你知道斯大林峰的由来吗？

2. 什么时间最适宜登峰？

地球上的名山异洞

南迦巴瓦峰

Nan Jia Ba Wa Feng

南迦巴瓦峰位于西藏林芝地区米林县和墨脱县境内，主峰高耸入云，北坡为万丈绝壁，十分陡峭，是喜马拉雅山东端最高峰，为全球第十五高峰。

南迦巴瓦峰又名那木卓巴尔山，藏语意为"天上掉下来的石头"，南迦巴瓦意为"直刺蓝天的战矛"，有"众山之父"之称。

南迦巴瓦在藏语中有多种解释，一为"雷电如火燃烧"，一为"直刺天空的长矛"，后一个名字来源于《格萨尔王传》中的"门岭一战"，在这段文字中将南迦巴瓦峰描绘成状若"长矛直刺苍穹"。从这些充满阳刚的名字里，我们就能感受到南迦巴瓦峰的陡峭和不可征服。

※ 美丽的南迦巴瓦峰

从地质地理学上看，正是南迦巴瓦峰受断块上升中心的欧亚板块和印

※ 南迦巴瓦峰

度板块碰撞所带来的撞击力造成的断层带，造就了雅鲁藏布大峡谷。它也是林芝、墨脱、米林的界山，处于喜马拉雅山和念青唐古拉山的会合处。

南迦巴瓦峰海拔 7782 米，高度排在世界最高峰行列的第 15 位，但它前面的 14 座高山全是海拔 8000 米以上山峰，因此南迦巴瓦在 7000 米级山峰中是最高峰。

由于南峰所在的雅鲁藏布大峡谷地区地质的构造复杂板块构造运动强烈，造成南峰地区山壁耸立、地震、雪崩不断，攀登难度极大，反而使南迦巴瓦很长一段时间内成为未被人类登上的最高的一座"处女峰"，直到 1992 年 10 月 30 日，由中日联合登山队登顶成功。

南迦巴瓦峰地区地质构造十分复杂，构造活动也很强烈，是一处形成喜马拉雅地质历史，探讨板块构造运动力学机制的极好地方。

南迦巴瓦峰的形成和耸峙，构成地形上的巨大的天然屏障，它直接导致了喜马拉雅山南北坡自然景观的巨大差异，并且形成齐全而丰富的垂直自然带，很多丰富的森林资源蕴藏其中，并为开展从热带到寒带的多种经营提供得天独厚的自然条件。与此同时，山麓深峻的大峡弯又构成西南季风的天然通道，湿热的气流能沿峡谷向北、东、西各方向伸入，形成藏东南林芝、易贡、波密一带特殊的壮观的自然景观，构成"西藏江南"的特色。

◎传说故事

有很多关于南迦巴瓦峰的神奇传说,因为其主峰高耸入云,当地相传天上的众神时常降临其上聚会和煨桑,那高空风造成的旗云就是神们燃起的桑烟。据说山顶上还有神宫和通天之路,因此居住在峡谷地区的人们对这座险峻异常的山峰都有着无比的推崇和敬畏。

关于南迦巴瓦另外还有一个广为外界所知的传说。相传很久以前,上天派南迦巴瓦和弟弟加拉白垒镇守东南。加拉白垒勤奋好学武功高强,个子也是越长越高,哥哥南迦巴瓦十分嫉妒。于是在一个月黑风高之时,将弟弟残忍杀害,并将他的头颅丢了米林县境内,化成了德拉山。上天为惩罚南迦巴瓦的罪过,于是罚他永远驻守雅鲁藏布江边,永远陪伴着被他杀害的弟弟。这个神话故事很生动地向我们解释了这两座山的特点:现在看到的加拉白垒峰顶永远都是圆圆的形状,印证了它是一座无头山。而南迦巴瓦则大概自知罪孽深重,所以常年云遮雾罩不让外人一窥,与传说十分贴切形象。

南峰地区生物的分布十分特殊。一些热带的生物沿雅鲁藏布江河谷往北延伸很远,一直伸入到亚热带、温带的范围,喜马拉雅山南坡的生物出现在北坡的波密、易贡一带,而一些北坡的植物又成片断续出现在南坡的邦辛、甲拉萨一带。

南迦巴瓦是西藏人民心目中的神山,原生态保存完好,风光既巍峨险峻又瑰丽多姿,令人流连忘返。

▶知识窗

旅游路线:从拉萨出发,沿康藏公路东行至八一镇,全程404千米。而沿尼洋河南经稚鲁减布汇冈嘎大桥到米林县城,行程75千米。从米林县城沿雅鲁藏布江东行91千米至海拔3100米的派区。从派区沿简易公路北上18千米,经大渡卡乡至格嘎,之后步行到接地当嘎海拔3512米的南迦巴瓦登山大本营。

| 拓展思考 |

1. 你了解南迦巴瓦峰的气候吗,适宜出行的时间是什么时候?
2. 你还知道哪些关于南迦巴瓦峰的传说吗?

布喀达坂峰

Bu Ka Da Ban Feng

布喀达坂峰又名新青峰，位于昆仑山中段，是昆仑山脉的最高峰，这里山势险峻，冰川连绵。

布喀达坂峰海拔 6860 米，位于昆仑山中段阿尔格山东端与博卡雷克塔山西头交接处，在青海省海西州格尔木县境内，为新疆、青海的界山，地处东经 90.9°，北纬 36.0°，是昆仑山脉的最高峰。布喀达坂峰，维吾尔族

※ 美丽的布喀达坂峰

语意为"野牛岭"，四周分布着 28 座海拔逾 5000 米的姊妹峰，布喀达坂峰高耸于群峰之上，与东面的一座 6671 米高峰遥遥相望，雪原绵延数里，气势恢弘。

◎自然资源

在布克达坂峰上，有无数珍稀濒危野生动物栖息其间，自然景观之壮丽令人瞠目结舌，往登途中有高原地区独特之温泉浴可供享受，是登山健行寻幽访胜的理想目标。

由于山区地处温带草原边缘，牧草丰盛，种类繁多，且遍地是英蓂草、白利果等丛生矮禾草和矮灌木，常有野牛、藏原羚、黄羊、白唇鹿、藏羚羊、野驴等野生动物出没其间；高原牧场上骆驼昂首阔步，牛、羊、马群更是漫山遍野。这里的地下还蕴藏着丰富的铜、铁、煤等矿物资源。

◎气候条件

山峰深居大陆内部，属大陆性暖温带高原气候，空气较为干燥凉爽，全年最低气温低达－30℃，刮风期间风力常为 11～12 级。在 6～9 月这段

时间内风雨较少，多是蓝天白云，为登山的最佳时期。

◎进山路线

从格尔木市乘车向西行程 200 千米先到乌图美仁乡，再换乘畜力往南经布伦台约 200 千米就到达冰川末端的布喀达坂峰山脚。

另一条线路是自青藏公路的楚玛尔河沿，与五道梁兵站间由小道西入可可西里地区卓乃湖（又称霍通湖）之南；或自格尔木市亦由小道转折进入，绕经卓乃湖北、西两岸后西行经可可西里湖北岸及乱石沟，至新青峰西南麓的太阳湖南侧，再由五道梁西入至卓乃湖畔转入湖北岸小道西行，为入山途径。

◎攀登历史

由于布喀达坂峰地处青藏高原腹地，来登山的人很少，1992 年，日本喜马拉雅登山队首登成功。

| 拓展思考 |

1. 你还知道哪些进山路线？
2. 你了解生活在布喀达坂峰的珍贵动物吗？

文森峰

Wen Sen Feng

文森峰海拔 5140 米，是南极洲最高峰。位于南纬 78°35′，西经 85°25′，位于西南极洲，同时也是南极大陆埃尔沃斯山脉的主峰。西南极洲多火山，仅玛丽·伯德地就有 30 多座。

南极半岛附近的岛屿大多是由黑色火成岩构成，有千奇百怪的怪石，奇峰突兀，气势磅礴。西南极洲有绝大

※ 文森峰

部分地区的基岩表面都是在海平面以下，即冰盖下面的陆地实际上比海平面要低很多，有的地方甚至在海平面以下 2000 米的地方。文森峰山势陡峭，且大部分被终年不化的冰雪所覆盖，交通十分的困难，被称为"死亡地带"。虽然文森峰并不是很高，但在七大洲最高峰中，它却是最后一座被征服的山峰。世界上首次登顶文森峰的是美国一支登山队，在 1966 年 12 月 17 日登顶成功，中国则是在 1988 年，由李致新、王勇峰首次登顶文森峰。

早在南极洲形成时，现在的文森峰所处的位置当时还是一片汪洋大海，由于受到地壳运动的影响，一些陆地及岛屿逐渐从海中升起，经过长时间的自然变化终于构成了今天的地理状况。它包括多山的南极半岛、罗斯冰架、菲尔希钠冰架和伯德地，主要山系有萨普、埃尔沃斯等。

作为地球上最冷的大陆南极洲，冬季极端气温很少高于−40℃，现在世界上最低的气温记录是−88.3℃，这是 1960 年 8 月 24 日由苏联的东方站测定的。南极洲的风与其他地方的风大多不相同。冷空气从大陆高原上沿着大陆冰盖的斜坡急剧下滑，形成近地表的高速风。风向不变的下降风通常将冰面吹蚀成波状起伏的沟槽，在风速超过 15 米/秒时，就会形成威力巨大的暴风雪。即使在最温暖的月份中，风速达到每小时 160 千米以上

也是非常普遍的事。南极洲还是地球上最干燥的大陆，几乎所有降水都是雪和冰雹。极地气旋从大陆以北顺时针旋转，以长弧形进入大陆，除西南极的低海拔地区以外，这些气流很难进入大陆内部。但是，在气旋经过的南极半岛末端（包括乔治王岛），年降水则特别丰富，可达 900 毫米。

※ 攀登文森峰

南极大陆 98％ 的地域被终年不化的皑皑冰雪所覆盖。冰盖面积约 200 万平方千米，平均厚度 2000～2500 米，最大厚度为 4800 米，它的淡水储量约占世界总淡水量的 90％，在世界总水量中约占 2％。

◎登顶的中国人

1988 年 12 月 2 日，王勇峰与搭档李致新成为登上南极最高峰的中国第 1 人，世界第 18 人和 19 人，也创造了在最短时间内攀登文森峰主峰和 II 峰的世界最快记录。

钟建民：1997 年，登顶文森峰：2003 年 12 月，登顶文森峰；

刘建：2003 年 12 月，登顶文森峰；

王石：2003 年 12 月，登顶文森峰；

金飞豹：2006 年 12 月 23 日 4 时 45 分，登顶文森峰；

鲁晓华：2010 年 12 月 28 日 1 时 50 分，登顶文森峰；

曹竣：2010 年 12 月 28 日 1 时 50 分，登顶文森峰；

黄春贵：2010 年 12 月 28 日 1 时 50 分，登顶文森峰；

▶知识窗

文森峰的气候非常多变，适宜登山的时间为 12 月份。

拓展思考

1. 文森峰有几条登山路线？

2. 你了解哪些成功登顶文森峰的人？

布洛阿特峰

Bu Luo A Te Feng

在乔戈里峰东南 12 千米处是布洛阿特峰，海拔 8051 米，位于东经 6.6°，北纬 35.8°。布洛阿特峰是喀喇昆仑山的第三高峰，也是世界上名列第 12 位的高峰。布洛阿特峰山势恢弘，峰体上常年覆盖着终年不化的冰雪。

布洛阿特峰有三条主要的山脊构成：北山脊、南山脊和西南山脊，其中北、南山脊为喀喇昆仑山脉的主脊线，也是国界线，在这两条山脊上分别是中央峰（8016 米）和北峰（7538 米），这三座高峰伟岸挺拔，直入云霄，故而当地人称之为"佛洛青日岗"，意即"三尖山"，而"布洛阿特"则由来于 1892 年一个美国探险队员的名字。

◎简介

早在 1902 年到 1954 年，英国、瑞士、意大利等国家的登山队在布洛阿特峰地区开展了登山活动，但直到 1957 年 6 月 9 日，奥地利队的舒来

※ 布洛阿特峰

克、布里、金别尔格尔、文别尔斯奇 4 人才登上顶峰。由于山峰的东坡陡峭险峻，攀登上顶峰尤其艰难，所以至今尚未有人由东坡成功地登上极顶。

◎气候特征

每年 5 月～9 月，由于受到西南季风送来暖湿的气流，通常会化雨而降，便到了本地区的雨季。9 月中旬以后至翌年 4 月中旬，强劲的西风凛冽而至，会带来严酷的寒冬。峰顶的最低气温可达零下 50 度，最大风速可达到 5 米/秒以上，是登山的气候禁区。在 5～9 月间，由于升温融雪和降，往往造成河谷水位猛涨，进山困难，因此，登山活动的最佳时机应安排在 5～6 月初进山，这时河水虽涨，但基本不影响登山的进行；7～9 月山顶气温会比较高，一般持续时间较长的好天气，是登顶的最佳时间。

◎地形地貌

布鲁阿特峰被认为是所有 8000 米级山峰中较为容易攀登的，登顶死亡率在 10% 以下，截止 2000 年，共先后有 233 人次成功登顶，其中有 5 人是两次登顶，但也有 15 人遇难。不过，布洛阿特峰的东侧山脊陡峭险峻，至今尚未有人能从此方向成功地登上极顶。攀登布洛阿特峰的正常季节在 6 到 9 月，

※ 伟岸的布洛阿特峰

但由于其路线相对简单，挑战难度不大，所以也有人尝试在冬季对其进行攀登。此外，这座山峰还拥有一面巨大的岩壁，曾经有很多登山者尝试攀登布洛阿特西南壁，这其中甚至包括像 Kukuczka 这样的顶尖高手。但仍没有人获得成功。西南岩壁的冰岩混合线路的难度约为 M6，整个岩壁的倾斜度在 45°～70°之间。接近顶峰刃脊的那段路线更为艰难。

◎攀登记录

1957 年，奥地利队首登该峰。

1975 年，波兰队攀登布洛阿特峰海拔 8016 米的卫峰成功，首次完成

对该峰的登顶。

1975年，波兰登山家维利斯基创下了从 BC 出发仅用 14 小时登顶布洛阿特峰的记录。

1983年，意大利人完成了对布洛阿特峰海拔 7550 米的北峰的攀登。

2001年8月，"中国西藏 14 座 8000 米以上高峰探险队"登顶布洛阿特峰。

2003年6月15日，韩国人 HANWang－Yong 完成了对布洛阿特峰的攀登，由此他完成 14 座 8000 米级山峰的攀登，用时 8 年。他是世界上第 11 位完成此项壮举的登山家。

▶知 识 窗

　　天气条件是攀登过程中至关重要的因素。冬季首登布洛阿特峰几乎很少有人做出尝试，更无人能达到这个极限记录。第一次冬季尝试攀登布洛阿特的登山者差一点成功了，但最终却还是失败了。

拓展思考

1. 你知道最佳的攀登路线吗？
2. 你了解布洛阿特峰的攀登历史吗？

地球上的名山异洞

洛子峰

Luo Zi Feng

洛子峰，英文名 Lhotse，海拔 8516 米，地理坐标为北纬 27.96°，东经 86.93°，为世界第四高峰。洛子峰意为"南面的山峰"，因为地处珠穆朗玛峰以南 3 千米处，两峰之间隔着一条山坳，通常被称为"南坳"。洛子峰藏语称之为"丁结协桑玛"，意思是"青色美貌的仙女"，从名字上我们就能感觉到洛子峰景色是如何的瑰丽。以山峰的北山脊与东南

※ 洛子峰

山肯为界，其东侧在中国西藏自治区境内，其西侧属尼泊尔王国。

◎特点

洛子峰的特点是山势陡峭，巨大的活动冰川、冰崩、雪崩发生十分频繁，特别是大本营至一号营地都是被千年的冰碛和巨大的冰川所覆盖。地形错综复杂、路线长，冰坡度大，有数不尽的巨大冰裂缝，同样三、四号营地也是攀登洛子峰最艰难的路段，雪崩频繁，常有较大的高空风，积雪深度平均有 60～65 厘米，冰坡度为 75°，在有些地段可达 85°以上，气候十分恶劣。据了解在半个多世纪内，已经有 300 多名国外勇士遭遇不幸，长眠于此峰上，因而当地百姓称此峰为虎口。洛子峰有两个卫峰分别是洛子中峰（海拔 8516m）和洛子夏尔峰，旁边还有著名的 Nuptse 峰。

◎气候

洛子峰的气候变幻莫测。风速比珠峰略低，但雨量又大过珠峰。

每年 6 月初至 9 月中旬，受气候影响，常发生暴雨和雪崩，搅得满天雪雾。11 月中旬至翌年 2 月中旬，南下的西北风压过来，使山峰的气温最低可达零下 60℃。只有在每年的 3 月初至 5 月末的春季，或 9 月初至 10 月末的秋季，气候较为稳定，大约可出现几次较好的天气，此时是一年间最适宜登山的时候。

※ 被白雪覆盖的洛子峰

◎登山路线

迄今为止，登山员只有在洛子峰西壁上成功登顶，即 1956 年 5 月 18 日首登时的路线。由 A. Eggler 率领的瑞士队首先沿珠峰路线攀登到 7800 米，然后转向狭窄的冰雪槽路线，最终弗利莱姆·卢加格尔姆和埃尔斯·罗斯在 5 月 18 日登上了顶峰。除了传统的"瑞士路线"，还有两条路线可以登顶洛子峰，但均位于南壁。此外，还有 3 条路线可以登顶 LhotseShar 和洛子中央峰，位于西藏境内的东壁因其位置太过复杂，至今无人登顶。

▶ 知 识 窗

1956 年 5 月 18 日，瑞士登山队弗利莱姆·卢嘉格尔姆和埃尔斯·罗斯两人，从尼泊尔沿西坡首次登顶成功。但是，至今还未有人从东坡中国境内一侧攀登成功。

拓展思考

1. 洛子峰和查亚峰哪个更险峻？
2. 什么时间适宜登山？

加舒布鲁木Ⅰ峰

Jia Shu Bu Lu Mu Ⅰ Feng

加舒布鲁木Ⅰ峰，英文名 Gasherbrum I，海拔高度为 8068 米，地理坐标为东经 76.42°，北纬 35.43°。它位于喀喇昆仑山脉的主脊线上，处在乔戈里峰东南方向约 21 千米处，是喀喇昆仑山脉的第二高峰，是世界第 11 高峰，更是中国和巴拉克什米尔地区的界峰。

加舒布鲁木指的是喀喇昆仑山脉最偏僻的一组山峰，位于 48.28 千米长的保特罗冰川的西北尽头。群峰形成一个小型的圆圈包围着南加舒布鲁木冰川。山峰都是由崎岖的山脊、台阶和高耸的岩壁组成的陡峭金字塔型岩体。"Gasherbrum"在当地语言中的意思是"闪光的墙"，这形象地说明了加舒布鲁木群峰峰体终年积雪，在阳光的照射下银光闪烁的景象。

※ 春意盎然的加舒布鲁木Ⅰ峰

它一共包括六座山峰，加舒布鲁木Ⅰ峰为其中的最高峰，它同时以"缥缈峰"而知名，也被叫做 K5，1892 年英国人康威命名了这个称呼。该峰山体高大，山谷陡峭，气势巍峨，形如一座巨型金字塔。在其东坡峡谷中有两条大冰川，冰川上有许多

※ 加舒布鲁木Ⅰ峰

又大又深、纵横交错的明暗冰裂缝，令人触目惊心。

加舒布鲁木Ⅰ峰不仅地形错综复杂（中国一侧的地形杂而陡峭，冰雪崩也较频繁因此，至今尚未有人从东坡登顶成功），而且气候也十分恶劣，每年 5 月至 9 月，西南季风送来暖湿的气流，化雨而降，是本地区的雨季。9 月中旬以后至翌年 4 月中旬，强劲的西风凛冽而至，带来寒冷难挨的寒冬。峰顶的最低气温可达-50℃，最大风速可达 25 米/秒以上，是登山的气候禁区。

在 5～9 月间，由于升温引起的融雪和降水，往往造成河谷水位猛涨，进山困难。登山活动的最佳时机应安排在 5～6 月初进山，其时河水虽涨，但对顺利登山影响不是很大；7～9 月，山顶气温稍高，好天气持续时间较长，是登顶的好时间。其进山路线大体上与乔戈里峰相同。

在徒步翻越格勒达板进入克勒青河谷后，先向东再折向东南行 50 千米，即到达海拔 4250 米的布拉克登山大本营。

拓展思考

1. 除了 5～9 月间，7～9 月还有什么时间适宜登山？

2. 什么原因引起加舒布鲁木Ⅰ峰气候恶劣？

安纳布尔纳峰

An Na Bu Er Na Feng

世界第十峰的安纳布尔纳峰，海拔 8093 米，位于喜马拉雅山脉中段尼泊尔境内。安纳布尔纳峰由一系列山峰构成，除了主峰之外，还包括许多座独立命名的山峰，包括著名的鱼尾峰。Annapurana 在当地语中是粮食供给者或收成之神的意思，故安纳布尔峰也称为大粮谷。

※ 安纳布尔纳峰

◎概况

该峰位于尼泊尔中北部喜马拉雅山地，山脊长 48 千米，其主要的山峰有 4 个，其中 2 个，即安纳布尔纳第一峰（8，091 米）与第二峰（7，937 米）分别位于西、东两端。第三峰（7，555 米）与第四峰（7，525 米）介于其间。

安纳布尔纳峰坐落在尼泊尔中北部的甘达吉专区，在世界上超过 8000 米的 14 座高峰中，安纳布尔纳排名第十，它是人类历史征服的第一座海拔 8000 米以上的高峰。1950 年 6 月 3 日，法国登山队的莫里斯·埃尔佐格和路易斯·拉什耐尔 2 人首次登上顶峰。同时，它也是 8000 米以上高峰中攀登死亡率最高的山峰，死亡率竟高达 44.2％。但是在 8000 米以上的山峰中，惟一有成熟徒步大环线路的山峰。在安纳布尔纳群峰之中，除了可以看到它 8093 米的主峰以及众多 5000～8000 米的群峰外，还可以看到两座比它更高的山峰，那就是排名第八、海拔 8156 米的马纳斯卢峰以及排名第七的海拔 8172 米的道拉吉里峰。

安纳布尔纳峰大环线是比较成熟的徒步登山体验线路，它沿着美丽的安纳布尔纳群峰蜿蜒而上，在海拔 900 多米至 5500 米间的山路上，千奇百怪的地貌和垂直气候所带来的奇妙变化的动人景观令人震撼，这绝对是一段美妙的徒步旅行。

◎攀登记录

1950 年，安纳布尔纳第一峰以第一个被登到顶峰的海拔 8000 米以上的山峰而被世人所知。这个荣誉属于埃尔佐率领的法国登山队，他和拉什纳尔于 6 月 3 日到达顶峰；

1955 年 5 月 30 日，比勒、施泰因梅茨和韦伦坎普攀抵安纳布尔纳第四峰于顶峰；

1960 年 5 月 17 日，罗伯次率领的远征队的格兰特与伯宁顿攀登安纳布尔纳第二峰顶峰；

1970 年，一支妇女组成的日本登山队登上了安纳布尔纳第三峰。

自从 1950 年首次有人攀登以来，截至 2010 年初，已有 130 多人尝试攀登过这座高峰，其中 53 人中途丧命。因其死亡率十分高，安纳布尔纳峰成为了海拔 8000 米的山峰里面最危险的一座。

▶ 知 识 窗 ◀

徒步大环线最佳的时间是每年的 10 月和 11 月，这时雨季刚过，天空的浮尘被彻底清洗，空气的纯净度最高，是看雪山的最好时机。另外，此时气候不冷不热，也最适合徒步旅行。次佳的时间是每年的 4～5 月间，此时雨季尚未到来，气候温和，山花烂漫，但能见度没有 10 月 11 月好。

▓▓▓▓▓▓ 拓展思考 ▓▓▓▓▓▓

1. 为什么安纳布尔纳是 8000 米以上高峰中攀登死亡率最高的山峰？

2. 安纳布尔纳峰有几条攀登路线？

地球上的名山异洞

马纳斯鲁峰

Ma Na Si Lu Feng

马纳斯鲁峰又称马纳斯卢 I 峰或库汤格峰，藏语意为"平坦的地方"，主要是指它的峰顶宽大且平坦。英文名 Manaslu，被尼泊尔人称之为"崩杰"，意思是"堆起来的装饰"，并视其为神山。"马纳斯鲁"，是从梵语"Manasa"而来。海拔 8156 米，位于喜马拉雅山脉中段尼泊尔境内。为世界第八高峰。西距安纳普尔那峰 48 千米。东经 84°33′，北纬 28°33′。马纳斯鲁峰周围群峰连绵，在它的周围有 3 座 7000 多米高的山峰和许多 6000 多米高的山峰，在众多山峰的簇拥下，它显得更为伟岸挺拔。

※ 马纳斯鲁峰

从近处观察马纳斯鲁峰，可以看到它山脊既修长且多，冰川纵横密布，蜿蜒直上，仿佛随时都可以冲上峰顶。但如果人们与它保持一定距离进行观察时，就会觉得马纳斯鲁峰如同一把利剑直插云霄，傲然挺立，陡峭险峻。4～5 月或 9～10 月时的气候比较适宜登山，由于山势陡峭险峻，攀登难度极大。

在山地行走途中，经常会遇到千奇百怪的岩石坡和峭壁。因此，攀登岩石是登山的最基本技能。在攀登岩石之前，应对岩石进行细致的观察，通过识别岩石的质量和风化程度，制定攀登的方向和通过的路线。

山间分布最广泛的一种地形是草坡和碎石坡。尤其是在海拔 3000 米以下的山地，除了悬崖峭壁以外，几乎大都是草坡和碎石坡。

※ 马纳斯鲁峰

◎攀登记录

1956 年 5 月 9 日，日本登山队的两名队员和尼泊尔向导共 4 人沿北坡首次登顶马纳斯鲁峰。

1971 年 5 月 9 日，日本队首次开辟西北坡新路线登顶。

1972 年 4 月 10 日，韩国队在对马纳斯鲁峰东北坡进行攀登时遭遇雪崩，共有 16 名队员遇难。

1972 年 4 月 25 日，澳大利亚人沿西南坡全新路线攀登马纳斯鲁峰成功。

1974 年，日本一支女子登山队成功登顶该峰，成为第一支攀登该峰成功的女子登山队。

1996 年 4 月至 5 月，"中国西藏 14 座 8000 米以上高峰探险队"攀登马纳斯鲁峰并成功。

1996 年 5 月 12 日，墨西哥登山家卡索里奥登顶该峰，完成 14 座 8000 米级山峰的攀登，用时 10 年。他是世界上第 4 位完成此项壮举的登山家。他提倡用"阿尔卑斯风格"，即只有 2 至 4 人组成一支很小的登山团队，不用固定绳索来进行山峰的攀登。截至 2003 年，一共有 240 人次成功登顶，同时有 52 位攀登者为此付出了生命。

▶知识窗

攀登岩石最基本的方法是"三点固定"法，要求登山者手和脚能很好地做配合动作。两手一脚或两脚一手固定后，再移动其他一点，使身体重心缓慢上升。运用此法时，一定要注意不能上窜跳和猛进，并避免两点同时移动，做到稳、轻、快，根据自己的情况，选择最合适的距离和最稳固的支点，不要跨大步和抓、蹬过远的点。在碎石坡上行进，一定注意脚下，踏实的踩好每一步，抬脚一定要轻，以免碎石滚动。在行进中不小心滑倒时，应立即面向山坡，张开两臂，伸直两腿（脚尖翘起），使身体重心尽量上移，以减低滑行速度。这样，就可设法在滑行中寻找攀引和支撑物。相反，千万不能面朝外坐，因为那样会加快往下滑的速度，而且在较陡的斜坡上还容易翻滚，后果会很严重。

|拓展思考|

1. 你还知道哪些登山的常识？
2. 为什么马纳斯鲁峰很难攀登？

勃朗峰

Bo Lang Feng

※ 勃朗峰

勃朗峰又译为：白朗峰，系属阿尔卑斯山脉，且是阿尔卑斯山的最高峰，位于法国的上萨瓦省和意大利的瓦莱达奥斯塔的交界处。法语意为"银白色山峰"。勃朗峰的最新高度为海拔4810.90米（2007年9月15日），同时它也是西欧的最高峰。

勃朗峰位于法国和意大利边境。自小圣伯纳德山口向北延伸约48千米，最宽处16千米，包括有塔古尔勃朗、莫迪、艾吉耶、多伦、韦尔特等9座海拔超过4000米的山峰。山体由结晶岩层组成。勃朗峰地势高耸，常年受西风影响，降水丰富。冬季的积雪，即使在炎炎夏日也不会融化，茫茫白雪，冰川发育，约有200平方千米为冰川覆盖，顺坡下滑，西北坡法国一侧有著名的梅德冰川，东南坡意大利一侧有米阿杰和布伦瓦等大冰川。勃朗峰建有科学研究实验站。还设有空中缆车和冬季体育设施，是登山运动的最佳选择。山峰伟岸挺拔，风景优美，为阿尔卑斯山最大旅游中心。勃朗峰下筑有公路隧道，起自法国的沙漠尼山谷到意大利的库马约尔，长11.6千米，法、意两国先后于1958年和1959年开工，分别从两端开凿，1962年8月会合，1965年建成通车，使巴黎到罗马的里程缩短了约220千米。

勃朗峰大约有100平方千米覆盖着冰川。一些冰河自中央冰丘泻下至1,490米以下处。阿尔卑斯山脉第二大冰川——冰海冰川在1930年海拔达1,250米。在17世纪初，冰川前移到沙莫尼山谷底部，耕地和住房也

※ 勃朗峰的晚霞

被摧毁或掩埋。此后，冰川不时前移和后退。

　　勃朗峰意大利一侧，是科学家马泰尔于 1742 年、德吕克于 1770 年及以后的索绪尔等三人最早使人们注意到勃朗峰是欧洲最高的山，这吸引了很多探险家去攀登此峰。沙莫尼的一位医生帕卡德及其脚夫巴尔马特于 1786 年征服了这座最高峰。这样的成功是登山史上的一件大事。第二年，索绪尔也登上此峰。

　　除了登山者之外，沙莫尼的观光客人数也不断增加，1870 年，一条经过改建的公路开通，在此之前此处一直是一个交通极不方便的地方。勃朗峰地区现已是阿尔卑斯山脉最大的观光中心，有架空索道和冬季运动设施，但勃朗峰传统的畜牧经济已经完全衰退。

◎勃朗峰长高原因

　　法国上萨瓦省的测量官员根据 2007 年 9 月 15 日和 16 日的测量数据，宣布位于法国和意大利边界的欧洲第一高峰勃朗峰的最新高度为海拔 4810.90 米，这些数据显示勃朗峰已经长出了将近 4 米。

　　气象学家扬·吉贞丹纳解释说，阿尔卑斯山地区的总降水量并没有增长，但由于受气候变暖的影响，致使这一地区的降水变得不均匀。

　　在夏天，受频繁的西风的影响，从大西洋上空带来大量的降水，在海拔 4000 米以上的地区，降水的形式多为温度较高的黏稠雪，这些黏稠雪很容易附着在高山冰层上，并加厚这里的冰层。而在冬天，阿尔卑斯山地区的降水则有所减少，而且冬天冰冷稀薄的雪很容易被风吹到山谷里，很难附着在原有的冰层上。

因此，源于勃朗峰所处地区的特殊气候，造成了勃朗峰海拔 4800 米以上部分的冰层体积在 2007 年突然增加了近 1 万立方米，这是它"长高"的真实原因。

▶ 知 识 窗 ....

　　印度航空曾经在勃朗峰发生两次空难，分别为 1950 年和 1966 年。两架飞机均将抵达日内瓦国际机场，飞行员下降时发生失误，两次死亡人数分别为 48 人和 117 人。

　　2008 年 8 月 24 日，欧洲勃朗峰发生雪崩，造成 8 人受伤，8 人失踪。

| 拓展思考 |

1. 说说勃朗峰长高的原因还有什么？
2. 你知道几条勃朗峰的攀登路线？

地球上的名山异洞

地

球上的奇异洞穴

第三章

DIQIUSHANGDEQIYIDONGXUE

自然洞穴的形成，与地质有很大的关系。在地球上分布着许多的自然洞穴，大的、小的、壮观的、美丽的、奇异的等等。在本章为读者介绍的洞穴是地球上奇异洞穴的代表。

墨西哥水晶洞

Mo Xi Ge Shui Jing Dong

在奇瓦瓦沙漠奈加山脉下 305 米的深处有一个神奇美丽的水晶洞，它就是墨西哥水晶洞。水晶洞中蕴藏着大量的铅、锌、铜、银和金，在地下蜿蜒长达804 米。在奈卡矿更深处水晶洞里，石灰石岩空穴中呈现一个马蹄印形状，宽约 10 米，长约 28 米。这些半透明的巨型水晶长度可达 11 米，重达 55 吨，是目前为止地球

※ 水晶洞

上最大的天然水晶。2000 年，一家名为 Peoles 工业公司的两名矿工在挖掘一条地下隧道时发现。

◎形成

在漠奈加山脉中充满了高温的无水石膏，在 58℃以上温度时无水石膏是稳定的，但如果低于这个温度时就会分解变成石膏。当奈加山下面的岩浆冷却下来的时候，温度就开始下降到 58℃以下，这时无水石膏就开始分解，水中硫酸盐和钙的含量也逐渐增加，在洞穴之中经过数百万年的分解和沉淀后，在水中最终形成了巨大壮观的半透明石膏水晶。如果这些水如果一直存在，水晶就会一直保持着生长。

◎环境

水晶洞穴中有个温泉，洞内闷热潮湿，山洞湿度达 90％，而温度也高达 48 摄氏度，条件十分恶劣，人在没有任何措施保护的情况下最多只能在洞中待 10 分钟。因此进入洞中一定要做好防护措施，一般情况下，科学家们在此休息会带制冷帐篷，否则就会有生命危险。

巨大的剑状水晶布满了洞穴的墙壁，场面甚为壮观，人们也将其称之为"剑之洞"。在水晶洞的上面也有很多水晶，但是它们大约只有1米长，相较洞中长达11米的水晶算是很小的了。在这个水晶洞中有100多尊巨型水晶柱。

因为要开采水晶洞中的铅、锌和银等金属，开采商用工业泵，将洞中滚烫的地热水抽掉，这样做使在水中生长的水晶也停止了生长。人们借此在水晶洞中研究及参观。

※ 在制冷帐篷中休息的工作人员

◎病毒

水晶洞中的病毒含量非常大，据科学家从水晶洞中的一个水坑里搜集到的样本研究发现，这个洞中的每一滴水，竟然最多含有2亿病毒。

▶知识窗

墨西哥水晶洞在2000年被发现，2008年和2009年，科学家重返墨西哥巨型水晶洞，在探险中又揭开了诸多生物学谜团，发现了一座四壁布满罕见结晶体的"冰宫"。可以在美国国家地理频道播出的纪录片《走进失落的水晶洞》中看到巨型水晶洞里面的奇观。

| 拓展思考 |

1. 墨西哥水晶洞是否是世界遗产？
2. 地球上还有哪些水晶洞？

新西兰怀托摩萤火虫洞

Xin Xi Lan Huai Tuo Mo Ying Huo Chong Dong

怀托摩萤火虫洞位于新西兰的怀托摩溶洞地区，它是由石灰岩层构成的地下溶洞。洞里布满各色各样的钟乳石和石笋，同是也是萤火虫栖息的地下洞穴。因漆黑洞穴中灿若星辰、熠熠生辉的萤火虫被称为"世界第九大奇迹"。

※ 萤火虫洞

◎形成

在三千万年前，怀托摩萤火虫洞还在深海底下，经过无数次的复杂的地质变换，许多坚硬的石灰岩受到扭曲变形并且被带到海平面上，然后由于受雨水侵蚀，形成许多的岩缝。雨水与空气中带着微酸的二氧化碳，日积月累地侵蚀，使得岩缝逐渐扩大成为钟乳石及石笋，日久天长就形成了现在的萤火虫洞穴。

◎环境

萤火虫洞穴是活性岩石洞穴，在山顶的冰雪融化后，水从岩石裂缝中流入洞穴中，洞穴下方较坚硬的黑石因长期受流水的冲击，造成如球一般圆滑的黑石滞留在洞口，但这些天然的圆石禁止拿取。因为洞穴上下均有通口，经常会吸引许多昆虫入内繁殖，萤火虫是其中最多。

因为洞穴中的水流不断，一直冲击着腐蚀着岩石，造成萤火成洞穴不断扩大，游客甚至可以乘船进洞穴，然后再步行上桥，由洞口往里去，首先会见到一座小型瀑布，下方有时有鳟鱼出现，景色甚是美丽壮观。

◎景观

进入洞中，走过黑暗处，会感觉到自己仿佛置身于星空之间，洞内绿色光点，熠熠生辉，或密或疏，在水面上倒影成一条灿烂的银河，好像天与地都是繁星点点，美不胜收，仿佛置身于画卷之中。在侧面岩石上，映

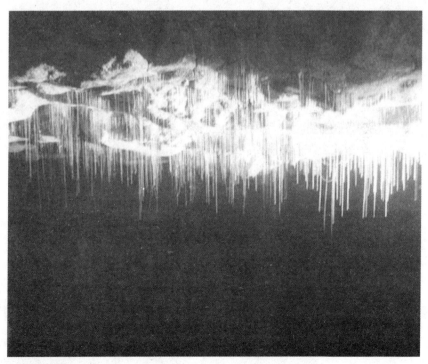

※ 洞内奇观

着微光，无数条长短不齐的银线泻下。这些都是萤火虫幼崽，它们能分泌一种如挂着水珠的细丝，一眼望去，就像是如倾的水帘，别有一番韵味。但是这看似美丽的细丝却是萤火虫幼崽捕捉其他昆虫的重要武器，洞内昆虫循光而来，撞到丝上就动弹不得，于是萤火虫幼虫便爬过来美餐一顿。

◎入洞规定

进入萤火虫洞穴参观要严格遵守规定：禁止用手触摸洞内的石钟乳及石笋。因为触摸会使它们失去色泽，并破坏其脆弱的组成结构；在萤火虫洞穴内必须保持宁静，特别是乘坐平底船观看萤火虫时，千万不要惊吓萤火虫破坏了它们的生态环境；为了每位游客的安全，全面禁烟、全程禁止使用相机及录像机，并且必须跟着团队一同行动以便向导照顾，避免在湿黑的萤火虫洞穴内发生意外。

▶ **知 识 窗**

·发现史·

1887 年，一名英国测绘师在当地毛利酋长陪同下，乘亚麻小筏，手持火把进洞探险，发现了洞内奇景。这些发光体是当地一种萤火虫的幼虫。它们聚集在一起，形成了奇妙的景观。出洞后他们向政府报告了这一奇观，经当地政府审定，于 1888 年向游人开放。从此以后，游人接踵而至，萤火虫洞也扬名世界。距发现此洞百年后的 1989 年，新西兰当局终于把这个洞的所有权归还给毛利族人。

拓展思考

1. 在萤火虫洞内参观要注意什么？
2. 参观萤火虫洞的最好时节是什么时候？

地球上的名山异洞

奥地利艾斯瑞塞威尔特冰洞

Ao Di Li Ai Si Rui Sai Wei Er Te Bing Dong

艾里斯瑞塞威尔特冰洞位于奥地利萨尔茨保市 Tennengebirge 山脉，冰洞绵延长达 40 千米，是地球上最大的冰洞。入口附近的洞穴排成一线，里面的冰厚度最高可达到 20 米，洞内有各色各样的钟乳石、石笋、冻结的瀑布以及其他冰结构，很是壮观美丽，这座迷宫一样的山洞只有部分对游客开放。

※ 艾斯瑞塞威尔特冰洞

◎历史

在 1879 年以前，艾斯瑞塞威尔特冰洞被当地人称为"通往地狱的入口"他们认为这冰冻十分危险而无人敢接近，直到科学家 AntonPosselt 的来访，但他也只勘探了冰洞的前 200 米，此后洞穴学者亚历山大·冯·沃克曾带领了几次远征，其他探险家很快跟随。1955 年，参观冰洞的缆车开通，将原本一个半小时的攀登缩减到 3 分钟，另外，还有一条由山下通往冰洞洞口的步道，步行只需要 20 分钟。

◎环境

因为全球变暖的趋势，很多人担心冰窟会受温度的影响消融缩小。但是，从20世纪20年代以来，冰洞窟没有缩小反而又长大了三分之一。在过去的15～20年里，冰洞的增长尤其明显。

进入冰洞窟看到的第一个冰冻结构形成不到十年的时间。这根巨大的冰柱是由雪融化的水通过岩石裂缝滴落下来形成的。即使是在炎炎夏季，这个冰洞的温度依然保持在零摄氏度，这让许多游客感到十分惊讶。洞内保持完整的自然艺术品令游客们惊叹不已。

冬季，－20℃的空气从洞口灌入，由于整个山顶被雪覆盖，仅有少量空气从上方间隙逸出。所以，深达42千米的洞内"锁住"了大量－20℃的空气，而从石灰岩间隙渗入的春季溶雪、夏季雨水在此时立刻结冰，如此循环，冰洞就形成了现在的规模，尤其是在最近10～15年，冰洞内的冰的增长十分显著。

目前，长达42千米的艾斯里森维尔特冰洞为游人只开放了1千米，但仅是这1千米就覆盖了3万立方米的冰，每年有来自世界各地的20万游客慕名而来。

▶知识窗

·冰洞·

冰川上的融水，在流动过程中，受温度影响，往往会形成树枝状的小河网，时而曲折蜒流，时而潜入冰内。在一些融水多面积大的冰川上，冰内河流特别发育。当冰内河流从冰舌末端流出时，往往会冲蚀成幽深的冰洞。

拓展思考

1. 地球上还有其他的冰洞吗？

2. 奥地利政府对冰洞采取什么保护措施？

3. 为什么外面的温度升高，冰洞的冰反而越多？

中国芦笛岩洞

Zhong Guo Lu Di Yan Dong

位于中国桂林的芦笛岩洞，长 240 米，南北宽 50～90 米，最高处为 18 米。洞穴口部海拔标高 176 米，与谷地相对高差 27 米。主洞是一个 14900 平方米的巨大厅堂，洞的四周是姿态各异的边界，并在多处延伸为支洞。东南部有两个支洞：一个支洞长约 90 米，至末端洞底已抬高 29 米，几乎靠近

※ 芦笛岩洞

地面，为一落水洞型支洞；另一支洞呈裂隙状向下延伸，形成很深的裂隙洞，是芦笛岩洞穴排泄水的地下通道。自 1962 年开始，芦笛岩洞穴正式向游人开放。

◎形成

在一百万年前，现在的芦笛岩洞是一个古地下湖，由于受地壳运动的推理，致使山体抬升，地下水位下降，使地下湖变成了山洞。后来，雨水形成的地下水沿着山体中许许多多的破碎带流动，溶解了岩石中的碳酸钙，变成了含有碳酸根和钙离子的溶液。当地下水从岩石缝隙流到洞中时，二氧化碳溢出；钙离子就沉淀结晶，经过长年的积累终于形成了芦笛岩洞中姿态各异的钟乳石。

◎景观

芦笛岩洞中的钟乳石姿态各异，宛如实物，进入洞中仿佛是来到梦想中的仙魔世界，在芦笛岩洞中用人工照明灯显示其岩石结构。进入芦笛岩洞，沿途可看到的景观有：狮岭朝霞、红罗宝帐、半首诗台、高峡飞瀑、塔松傲雪、菇山传奇、瓜菜丰收、黄杨木雕、盘龙宝塔、鸟语花香、双柱

擎天、帘外云山、水晶宫、
远望山城、葵花峡、幽境听
笛、宝镜照蜈蚣、舞台帷幕、
珍珠金鱼、雄狮送客等。这
20 处钟乳石奇观是芦笛岩洞
中钟乳石的代表。宛如有生
命力的钟乳石给这座可容下
1000 人的岩洞添了一抹色
彩，一些诗意和意境。

※ 美丽的芦笛岩洞

开发之前的芦笛岩洞人
迹罕至，通常会有野猫和一
些小型动物在此地出没，因
此叫它"野猫岩"。后来，又因洞口附近生长着芦荻草，而用此草做成笛
子，吹起来音色优美，声音动听，使人听之心情愉悦。于是洞名便改为
"芦笛岩"。开发后的芦笛岩由于有人经常在此地出现，这里再不是野兽出
没的荒凉之地，而是成了人间仙境，更是入选地球十大奇异洞穴之一。

▶ 知 识 窗

· 钟乳石 ·

又称石钟乳，是指碳酸盐岩地区洞穴内在漫长地质历史中和特定地质条件下
形成的石钟乳、石笋、石柱等形态各不相同的碳酸钙沉淀物的总称，钟乳石的形
成往往需要上万年或几十万年时间。由于形成时间漫长，所经历的变化复杂，钟
乳石对远古地质考察有着重要的研究价值。

拓展思考

1. 人工照明灯对芦笛岩洞内的钟乳石有没有损害？
2. 中国对芦笛岩洞穴有什么保护措施？

美国卡尔斯巴德洞穴

Mei Guo Ka Er Si Ba De Dong Xue

卡尔斯巴德洞穴位于美国新墨西哥州东南部的瓜达卢佩山脉，是美洲第三大洞穴。19 世纪 90 年代后期，放牛娃吉姆·怀特发现了此洞。1930 年，它正式成为美国的一个国家公园。

※ 卡尔斯巴德洞穴

◎地理概貌

卡尔斯巴德洞穴形成于 2.8～2.25 亿年前的二叠纪。据考证，卡尔斯巴德洞穴不是受雨水渗入瓜达卢佩山石灰岩山体的裂缝进而溶解了松软的岩石形成的，而是由强烈的硫磺酸形成，其根源在于靠近石油和天然气沉积物。生物学家认为，石油中的含碳化合物被微生物吃掉，然后产生了硫化氢。当这种致命的硫化氢气体通过岩缝跑出来，直至与水和氧气结合，生成硫酸，经过很长时间才溶解出有若干个体育馆那么大体积的石灰岩洞窟。

卡尔斯巴德洞穴分为三层，洞穴中的钟乳石姿态各异，各有特点，每

※ 洞口

一处钟乳石都被赋予一个形象的名字，如"恶魔之泉""国王宫殿""太阳神殿"等。另外，洞穴中还有岩帷幕和洞穴珍珠，其中洞内的"大屋"是其中的一大奇观。

"大屋"是由天然石灰石形成的洞室，长度近1219米，宽度达到190米，高度则达到107米。

栖息在卡尔斯巴德洞窟里上百万只蝙蝠是卡尔斯巴德洞窟的另一壮观景象。每当太阳开始落下的时候，上百万只蝙蝠便会从其白日的栖息地——阴冷黑暗的洞窟中纷纷振翅飞出，在黑暗中捕食昆虫，挡住了整个卡尔斯巴德洞口，场面异常壮观。

◎卡尔斯巴德洞穴国家公园

卡尔斯巴德国家公园于1923年10月25日开始建造。最初是作为国家纪念地而建成，1930年5月14日成为国家公园。是由目前被发现的81个洞窟组成的喀斯特地形网，它体积庞大，千变万化，还包含了许多精美的矿物质，面积189平方千米。它是一处神奇的洞窟世界，是迄今人类探查到的最深的洞窟，位于地表以下305米。溶洞中最大的一处比14个足球场面积的总和还大，整个洞窟群长达近百千米，是世界上最长的山洞群之一。建立这个公园是为了保护卡尔斯巴德洞窟以及其他大量的二叠纪时期的化石。公园里还有许多小哺乳动物、沙漠爬虫和栖息在矮树丛中的鸟类，如花金鼠、浣熊、轮尾鸟、各种蜥蜴以及兀鹰和鹭。

卡尔斯巴德洞窟国家公园内有 81 个石灰岩洞，每一个都各有特色，其中以龙舌兰洞窟最为特别，构成了一个地下的实验室，在这里可以研究地质变迁的真实过程。沿一系列"之"字形的线路从主走廊下降 253 米，可到达第一个，也是最深的一个洞窟，名为"绿湖厅"，因其位于洞中央的水潭艳丽如一块碧绿的玉石而得名。该洞窟布满姿态优美的钟乳石，包括一处令人难忘的小瀑布，它与钟乳石相连形成一个圆柱，被贴切地称为"蒙上面纱的雕像"。"皇后厅"设有奇异的帷幕，那里的钟乳石宛如恋人般相拥而长，形成一道光线能照透的奇妙的石幕。"太阳寺"的滴水岩造型由黄色、粉色、蓝色等有着柔和色彩的钟乳石组成。"忸怩的大象"看起来像一头大象的背部到尾部。著名的"老人岩"是一个巨大的钟乳石笋，其姿态宛如一个孤独的老人寂寞的站立在一片黑暗之中，孤独、雄伟地站立在黑暗的壁龛中。

▶ 知 识 窗

·石灰岩·

石灰岩简称灰岩，以方解石为主要成分的碳酸盐岩。有时含有白云石、粘土矿物和碎屑矿物，有灰、灰白、灰黑、黄、浅红、褐红等色，一般硬度都不大，与稀盐酸反应剧烈。

拓展思考

1. 地球上还有哪些洞穴与卡尔斯巴德洞穴形成原理是一样的？
2. 卡尔斯巴德洞穴钟乳石的保护措施如何？

美国猛犸洞穴

Mei Guo Meng Ma Dong Xue

猛犸洞是世界上最长的洞穴，但是截至 2006 年，也只是探出的长度近 600 千米，其真实长度至今没有探测出来。1941 年夏季，成为美国国家公园，是世界自然遗产之一。

◎地理概貌

猛犸地下洞穴的形成是几百万年以前水流经过灰岩沉积区时，受冲击力溶蚀岩石最后形成的底下暗河通道。目前洞穴只有 16 千米对游客开放。洞穴、山洞、岩洞和廊道组成这个宽阔的地下综合体，犹如谜一般，时至今日还是没能测出它的真实长度。洞内有流石、钙华、扇形石、石槽以及穹窿，还有石膏晶体与溶蚀碳酸盐景观、水洼与逐渐消失的泉水、高耸的石柱、狭长的通道以及开阔的岩洞。有 77 个地下大厅，其中最高的一座称为"酋长殿"，它略呈椭圆形，长 163 米，宽 87 米，高 38 米，厅内空间很大，可同时容下数千人。有一座"星辰大厅"富有情趣，它的顶棚

※ 猛犸洞穴

※ 洞内奇景

有含锰的黑色氧化物形成，上面点缀着许多雪白的石膏结晶，从下面看上去，仿佛是星光闪烁的天穹。

千姿百态的石钟乳以及石笋将洞内装点得异常美丽壮观，洞内有2个湖，8处瀑布和3条河，总延伸长度近250千米。洞内最大的暗河是回音河，宽6~18米，深1.5~6米。游客可乘平底船循河上溯游览洞内的风光。

◎生物

　　现已在洞穴中发现有200种以上的动物在此生活，其中1/3的动物一直与世隔绝，不被世人所知，这些珍贵的动物仅仅靠河水的养分生存。珍稀的动物如无眼鱼—盲鱼、无色蜘蛛、肯塔基洞鱼、甲虫、蝼蛄、蟋蟀。因为这些都是盲目动物，在绝对黑暗和封闭的环境中适应生存对它们来说简直就是小事一桩。自从该洞开放之后，受到了污染，来自现代污水中的污染物质被人为的带来，随着水流进入洞中，有50种洞内动物受到污染物质的威胁，栖息地已经遭到破坏。除此之外，洞穴中还潜伏着许多褐色小蝙蝠以及还生长着67种藻类、27种菌类和7种苔藓类植物，皆是非常珍贵的物种。

▶知识窗

·钙华·

　　含碳酸氢钙的地热水接近和出露于地表时，因二氧化碳大量逸出而形成碳酸钙的化学沉淀物。钙华矿物成分主要为方解石和文石；质硬，致密，细晶质，块状，空心或实心球状，厚板或薄层，具纤维或同心圆状结构。钙华形态各异，常见钙华锥、丘、扇、钟乳石等。

拓展思考

1. 猛犸洞穴与中国哪类洞穴相似？
2. 猛犸洞穴周围环境的保护措施是什么？

委内瑞拉"幽灵洞穴"

Wie Nei Rui La "You Ling Dong Xue"

委内瑞拉的"幽灵洞穴"全称为"Cueva del Fantasma",从名字上就能感觉到洞内的神奇,是西班牙人起的名字。该洞位于委内瑞拉玻利瓦尔州圭亚那市南部的阿普拉达·迪普亚斜坡附近,在这里还生长着很多生物,且种类非常丰富。2006年由一队探险家发现。

※ 幽灵之洞

◎地理概况

由于受洞中的结构影响,很容易让人产生洞内不是人间的幻觉,洞口狭长且精细,但其山洞非常大,可以容下两架直升飞机同时飞过。进入洞口后有一片瀑布。

瀑布犹如一面墙挂在洞前,从洞穴顶部落入洞穴底部的一个池塘。因为这个洞穴是 2006 年才被人类发现，所以很可能是世界上最难到达和从未有人涉足的地方之一。这里有很多的生物物种是外界所没有的。研究人员在该洞穴中发现的一种新的青蛙物种——"原始蟾蜍"。

原始蟾蜍体长不到 25 厘米，遍体疙瘩，皮色黝黑，既不会跳跃，又不会游泳，只能缓缓爬行；还有一种新的箭毒蛙，有很特别的皮肤，脚趾圆形，肚皮桔黄色，行动非常迅速，生活在"鬼洞"附近的小溪中。

※ 洞口内的瀑布

拓展思考

你了解箭毒蛙特征及习性吗？

伯利兹大蓝洞

Bo Li Zi Da Lan Dong

伯利兹蓝洞位于大巴哈马浅滩的海底高原边缘的灯塔暗礁，完美的圆形洞口四周由两条珊瑚暗礁环抱着。

伯利兹大蓝洞外观呈圆形，直径约 304 米，深约 122 米。大蓝洞为一石灰岩洞，形成于海平面较低的冰河时期，后来受海水上升的原因，洞顶随之塌陷，逐渐变成现在的水下洞穴。

大蓝洞是一个闻名遐迩的潜水胜地，世界著名的水肺潜水专家雅各－伊夫·库斯托将大蓝洞评为世界十大潜水宝地之一，并于 1971 年进行探勘测绘。

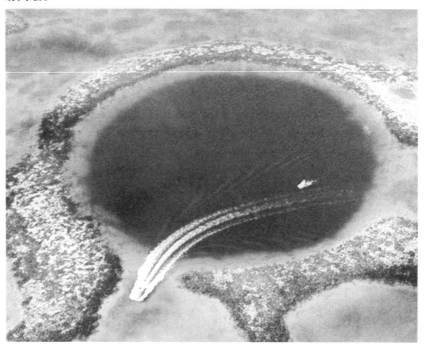

※ 伯利兹大蓝洞

◎景点概况

远在冰河时期，现在的伯利兹大蓝洞还是个干涸的大洞，后来因为冰川融化，致使海平面的上升让它变成了现在的样子。"大蓝洞"是灯塔礁的一部分，位于伯利兹城陆地大约 100 千米之遥，这是一个较大的完美环状海洋深洞，其直径为 0.4 千米，是当今世界最吸引人的潜水地点之一。这个巨大的海洋深洞深 145 米，由于深洞很深，因此呈现出深蓝色的景象，这一结构在世界上被称为"蓝洞"。

◎形成原因

伯利兹大蓝洞是在冰河时代末期形成的一个石灰石坑洞。巴哈马群岛属石灰质平台，成形于一亿三千万年前。在二百万年前的冰河时代，寒冷的气候将水冻结在地球的冰冠和冰川中，致使海平面大幅下降。因为淡水和海水的交相侵蚀，这一片石灰质地带形成了许多岩溶空洞。蓝洞所在位置也曾是一个巨大岩洞，多孔疏松的石灰质穹顶因重力及地震等原因而很巧合地坍塌出一个近乎完美的圆形开口，成为敞开的竖井。当冰雪消融、

※ 俯瞰伯利兹大蓝洞

海平面升高后，海水便倒灌入竖井，形成海中嵌湖的奇特壮观的蓝洞现象。

◎潜水圣地

大蓝洞近 137 米深，洞内到处林立着千姿百态的钟乳石群，这显然不适合于一般潜水者探访，加上这里的鲨鱼品种繁多，虽说名声友好，但身处神秘森幽的海下洞穴，又有神出鬼没的鲨鱼环游在周围，恐怕不能感觉安全。但正是由于这原因，才强烈地吸引着全世界勇敢的潜水爱好者们前来亲身体验，一探究竟，使其成为全球最负盛名的潜水圣地之一，颇有"平生不潜此蓝洞，即称高手也枉然"之意。

▶知 识 窗

现今的大蓝洞是一个令人向往的潜水胜地，世界著名的潜水专家雅各一伊夫库斯托将大蓝洞评为世界十大潜水宝地之一，并于 1971 年进行了探勘测绘。

拓展思考

1. 到伯利兹大蓝洞潜水的最佳时间是什么时候？
2. 潜水需要注意什么？

地球上的名山异洞